民·间·中·国

中国
传统民居

TRADITIONAL
CHINESE
DWELLINGS

殷力欣 ◎ 著

通过民居

◎ 窥见
一地民俗民风

◎ 探索
一隅历史传承

◎ 勾勒
一方百姓家园

民·间·中·国

中国
传统民居

殷力欣 ◎ 著

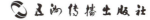

目 录

壹 发现传统民居之旅
- 一 独特的中国传统民居之美……9
- 二 发现中国民居之美的传奇历程……16

贰 漫话传统民居之传统
- 一 大匠营国——形式多样的传统民居……39
- 二 厚生为则——传统民居的发展历程……54

叁 各地民居面面观
- 一 克己复礼——以北京四合院为典型的北方庭院类民居……87
- 二 海滨邹鲁——福州三坊七巷的古代里坊制遗踪……101
- 三 可观可赏——以园林景观闻名遐迩的苏州民居……117

- 四 可游可居——徽派建筑的实用性与艺术性……129
- 五 博古通今——岭南民居的建筑装饰与审美趣味……144
- 六 因地制宜——云南"一颗印"式民居等庭院类民居特例……156
- 七 傲立苍穹——以客家土楼为代表集聚类民居……168
- 八 道法自然——黄河中上游两岸的窑洞奇观……185
- 九 生生不息——形式多样的独幢类、移居类民居……199
- 十 特立独行——边陲地带的干阑式民居以及吊脚楼、彝族木屋……216

肆 漫谈建筑与人的关系

- 一 民居中的建筑等级与户主之等级应对……235
- 二 传统民居中的西化改良……247

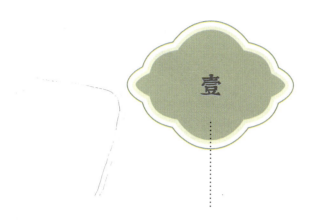

发现传统民居之旅

　　在旅行中对传统民建筑的发现与欣赏，激发了人们对中国传统建筑的好奇与兴趣。不仅是宫廷陵墓、古刹名寺，"可观、可赏、可游、可居"的古镇、老街、村落等更是以其独特的建筑风格、独有的生活气息、独具的人文环境引发了更多的关注，无论黄土高原的靠山窑洞、西南边陲的傣家竹楼，还是蓝天白云下的蒙古包、林海雪原深处的木楞楞子……总能吸引我们去寻踪探幽，进而想了解这背后的历史渊源。

一 独特的中国传统民居之美

有关中国古代建筑,我国著名建筑学家梁思成先生曾这样写道:"中国古人从未把建筑当成一种艺术,但像西方一样,建筑一直是艺术之母。正是通过建筑装饰,绘画与雕塑走向成熟,并被认作是独立的艺术。"(梁思成《中国的艺术与建筑》,1947年)中国的传统民居,就是古代建筑中的一个重要门类,也如梁思成先生所说,它本身是一种艺术,但长期以来却并没有被生于斯、长于斯的我国先民们意识到它是艺术,而且是多姿多彩、底蕴深厚的中国古代艺术精品。

那么,到底什么叫民居?什么叫传统民居?

作为一个学科，我国的建筑学起始于晚清民初。那时，我国的建筑学界从建筑的实用功能着眼分类，称那些为人们生活起居而建的建筑为"住宅建筑"或"居住建筑"，以此区别那些服务于其他功能的建筑，如工业建筑、公共建筑等。直至被建筑学界公认为民居建筑研究开山之作的刘敦桢著《中国住宅概说》（建筑工程出版社，1956年）问世，所使用的名词也为"住宅"而非"民居"。上世纪70年代，学界为区别古代住宅建筑与现代住宅建筑，约定俗成性的将住宅建筑中的古代住宅部分专称为"民居建筑"。"民居建筑"有时又称"传统民居建筑"，则是为了强调其为中国传统文化的宝贵遗产。

上世纪80年代，我国编纂《中国美术全集》（古代部分，共60卷）时，将古代建筑部分分为六卷：宫廷建筑、陵墓建筑、园林建筑、宗教建筑、民居建筑和坛庙建筑。至此，"民居"一词正式成为建筑学的一个专有名词。这个名词的演变现象，看起来似是无关宏旨的枝节，但一个文化现象能够在学术上独享一个专用名词，这本身也是一份殊荣，也侧面反映出人们对此的重视和喜爱。

中国传统民居作为一种相对宫殿寺庙而言并不华贵的建筑形式，为什么会越来越多的受到国内外游客的青睐？其艺术魅力究竟何在？

自人类的先民走出原始丛林建立文明社会以来，建筑就成为人类社会最基本的生活空间。因世界各民族所处地域不同，自然环境不同，不同的民族选择了不同的生存方式，各自营建的建筑形式也就自然形态各异了。可以说，建筑是一个民族的文化载体，同时作为工程技术水平与审美趣味的结晶，它本身就是这个民族最基本的艺术产品。时至今日，与我国学科分类上将建筑归属于工科所不同，在西方则隶属于人文学科的艺术学范畴。

我们今天谈起不同的国家、民族，往往首先会想到这个国家、民族最具象征性的建筑。提到古埃及，会想起胡夫金字塔；提到古希腊，会想起巴特农神庙；提到古罗马，会想起罗马万神殿；提到古印度，会想起阿旃陀石窟或泰姬陵；提到法国，当然会首先想到巴黎圣母院……至于中国，则绝大多数的人首

代表各国形象的建筑物：埃及金字塔、希腊巴特农神殿、罗马万神殿、印度泰姬陵、巴黎圣母殿和北京紫禁城

先想到的是紫禁城。这里所举的各国建筑实例，全部属于陵墓、宗教和宫殿等代表国家形象的重大建筑工程项目。这些建筑所使用的建筑材料不同，构成的外观形象也不同，但在追求宏伟壮丽的艺术效果方面却是殊途同归的。古埃及人、希腊人都曾为一座宏伟的建筑倾尽举国之力，我国汉代初年营建未央宫时也声称"非壮丽无以重威"。

那么，我们这个具有五千年悠久历史的中华民族，表现在建筑上，究竟有什么是与别的国度有本质差别的呢？答案还在上述实例之中：金字塔、万神殿等或陵墓或宫殿建筑规模宏大、辉煌耀目，却与普通人的住宅没有太大关联，而中国的紫禁城看似硕大无朋，实际上却是由许许多多相对独立又彼此关联的庭院，分中东西三路，组合为一个完整的建筑组群。这些相对独立的庭院除了雕梁画栋、上覆黄色琉璃瓦外，基本形象与遍布北京城内的青砖灰瓦、朴直无华的四合院非常相似。如紫禁城西路的储秀宫、长春宫等中小型院落，其规模上几乎与普通四合院没什么差别，而穿插其间的乾隆花园、建福宫花园等小型

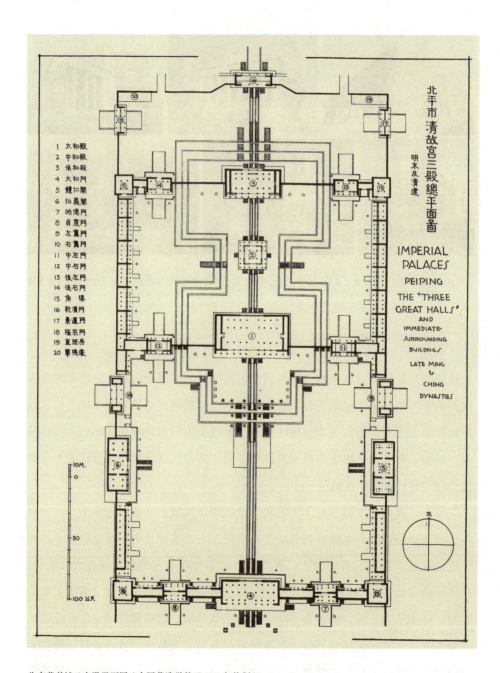

北京紫禁城三大殿平面图（中国营造学社于1942年绘制）

发现传统民居之旅 | 13

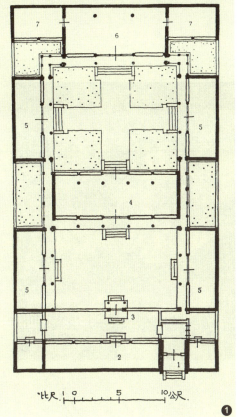

①. 北京四合院平面图（选自《北京古建筑》）
②. 北京某四合院鸟瞰（选自《北京古建筑》）

园林景观，也并不比全国各地的私家花园更大。即使是紫禁城中轴线上最重要的三大殿，也无非是将北京四合院的体量成倍扩大而已，而即使尺寸成倍扩大了，其单体建筑尺度也并不比巴特农神殿等为大。其余如曲阜孔庙、沈阳故宫等，以及各地敕造的那些佛寺道观也大抵如此。

上世纪50年代，苏联建筑专家穆欣、阿谢普可夫等参观紫禁城，面对紫禁城的辉煌，曾言"有向这组伟大的建筑下跪致敬的冲动"。大概他们没有意识到，为中国宫殿下跪致敬，实际上也是向那些散落于寻常巷陌的传统民居下跪致敬。由此可知，我们今天谈论中国建筑，即使谈论的是至高无上的皇宫，其构成要素也离不开最普通的民居。换句话说，了解、欣赏传统民居，实际上

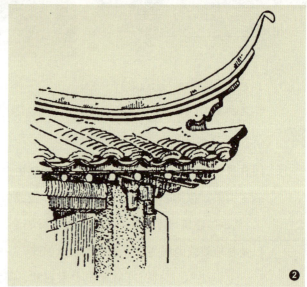

①.《胡笳十八拍文姬归汉图》中的汉代民居
②.江南民居的挑檐做法之一

就是了解、欣赏我国独树一帜的建筑体系。放眼全球，没有哪个国家哪个民族的住宅建筑如中国传统民居这般，既是芸芸众生极普通的栖身之地，又如此深入地渗入到民族文化的高深领地。

中国的百姓只是把宫殿、陵墓等伟大建筑视为国家民族墙上的象征，而现实生活中，中国百姓更倾向于选择尺度适中、与环境相宜、面貌更为丰富多彩的民居。

东晋田园诗人陶渊明说"采菊东篱下，悠然见南山"，这是一个为追求盎然诗意选择茅屋篱墙的山野民居，宁愿放弃气派华丽的官邸的例子。数百年后的北宋画家王希孟的画作中，也同样以山野民居表现田园诗意。约与王希孟同时的画家张择端作《清明上河图》，描绘东京汴梁时也没有选择皇宫或皇家园林艮岳入画，反而更执迷于那里市井街巷的繁华，也让今天的观画者发现北宋的民居一如千年之后的民居。

一则"上有天堂、下有苏杭"的民谚自南宋以来流传至今。苏杭并没有气势压人的紫禁城，但那里环境优美、物产丰饶，当然还有那些与环境相配的小桥流水，有喧闹的街市，有静谧的深巷私宅，这才是中国百姓真正向往的合乎常人理想的生活场景。

除此之外，中国广袤无垠的疆域生生不息着不同环境、不同生活习俗的56个民族，不同的环境呈现出民居的百千面目：从黄土高原的窑洞、原始森林里的木楞楞子，到蒙古草原蓝天白云下的毡包……每个地区都有与之相应的建筑选择。中国历史与中国传统文化的许多重要现象都在传统民居中得以充分表现。

中国各地皇家敕造的佛寺与皇家宫廷等在建筑样式上有许多相似之处，其构造原理以木结构建筑为主，大多采用抬梁式构架，砖石建筑如佛塔等也多仿木构件，表现中国官式建筑的礼教文化（儒释道）。而各地的民居却样式多样，所表现的文化内涵也更为庞杂：汉族地区礼制生活的日常形态、士农工商各阶层的真实生活场景、不同自然环境中不同的处理手法，以及少数民族地区民居的百千种风情……

二 发现中国民居之美的传奇历程

虽然中国传统民居展现了传统文化的魅力、积淀着民族文化的精髓，虽然我们数千年来就生活在各类民居建筑之中，但把它当作独立的艺术门类去欣赏、研究，却迟至上世纪50年代以后（以刘敦桢《中国住宅概说》问世为标志）。而且，不仅仅是民居建筑，全部中国建筑文化的自我认知也是非常滞后的。如北京紫禁城、五台山佛光寺、应县木塔等高等级官式建筑，我国学术界及公众将其视为民族文化瑰宝的时间，也不过比认知熟视无睹的民居建筑略早了二十几年——我国成立专门的民族建筑研究机构——中国营造学社（1929年）。

那么，为什么会有这样一个类似"不识庐山真面目，只缘身在此山中"的奇特现象呢？因为一个民族如同一个个人一样，有其所长，也自有其所短。历史上，法国人、英国人的文学成就很高，但在音乐方面却难比德奥；德奥音乐大师辈出，但戏剧小说则往往有欠生动；古印度人长于形上思辨，而现代印度学者也坦承一点：印度人缺乏历史学传统——假如没有中国高僧玄奘写的一部《大唐西域记》，印度历史就无从写起。

我们中国人虽然在历史文献方面成就辉煌，但与西方很早就把建筑列为与音乐、绘画同列重要艺术门类不同，中国古代一向把建筑视为工匠制作的实用物品，很少有人将出自匠人之手的建筑与儒学经典《十三经》视为同样的文化精髓，就算是皇家建筑，在士大夫眼中也比不得琴棋书画高雅，更遑论民居。于是，从夏商周至元明清，漫长的4000年间，我们以华丽的宫殿炫耀国威，以雄伟的长城御敌于国门之外，以各色民居、园林休养生息、怡情悦目，却很少意识到这些出自工匠之手的实用物本身也是艺术品。

也如同一个人的成长需要不断自我完善一般，一个民族的成长过程也需不断弥补以往自身认识之不足。中国自晚清以来全方位的自省过程，如五四运动对传统思想的反思与对西方现代文明理念的引进，也正是中华民族完善自我、走向文化复兴的过程。这个重新认识自我的新文化运动，在建筑界就包括以1929年成立中国营造学社为标志事件的对中国古代建筑的再认识——结束了中国有建筑而没有建筑学的历史缺憾。因此，谈论中国传统民居，有必要首先回顾一下其被现代中国人重新发现的历程。这个发现的历程漫长艰辛而又趣味盎然，恰如艺术史家所谓"美在发现，尤其在于发现美的过程"。

这个发现民居之美的过程长达半个世纪（上世纪20年代末至80年代）之久，其中有七位建筑学者值得后人学铭记：朱启钤、吕彦直、龙庆忠、刘敦桢、梁思成、刘致平、陈明达。

1. 朱启钤先生发现《营造法式》

朱启钤（1872-1964），字桂辛，号蠖公、蠖园，祖籍贵州开州。著名爱国人士，政治家、实业家、古建筑学家和工艺美术家。朱启钤先生曾官至北洋政府代理国务总理，却更多以中国营造学社创始人的身份而知名。他在政治主张方面偏于保守，但其爱国情怀得到了包括周恩来总理在内的各界人士的尊敬，尤其在学术上以"沟通儒匠"的主张开风气之先。

这位在清末民初宦海沉浮数十载的朱桂老人，大概由于非科举出身，对传统中国士大夫阶层最看重的诗赋书画等的兴趣和造诣，并不比同辈如民国总统徐世昌等深厚，却对贴近下层的百工技艺更有兴趣。他曾大量搜集民间石匠的石狮子，甚至以收藏女红刺绣为乐，还曾支持晚清刺绣名家沈寿参加"巴拿马—太平洋国际博览会"（获一等大奖）。由朱启钤来倡导整理研究建筑工匠技艺，确实是很顺理成章的。

早在1919年，朱启钤任南北议和（徐世昌为首的北洋政府与孙中山为首的南方国民政府）中的北方总代表，于和谈间隙在南京江南图书馆意外地发现了北宋时期将作监李诫所编著的建筑学专著《营造法式》（丁丙八千卷楼旧藏，世称"丁本"）。这是一个中国建筑历史学科赖以奠基的重大发现，也同时是事关中国文化再认识的文化史大事件。

此前，西方建筑学界有一部完成于公元前23年的古罗马建筑经典《建筑十书》，而中国的古文献中却找不到与之相似的著作，《营造法式》的发现，很大程度上弥补了这一缺憾。继发现丁本《营造法式》之后，朱启钤又在四库全书中找到了《营造法式》的其他抄本、刻本，请陶湘等版本学专家互为校雠，于1925年刊行了权威版本——陶本《营造法式》。

朱启钤称此书的文化价值"属于沟通儒匠，濬发智巧者"，又谓"中国之营造学，在历史上，在美术上，皆有历劫不磨之价值，鄙人自刊行宋李明仲《营造法式》，海内同志，始有致力之涂辙。方今世界大同，物质演进，非依科学之眼光，作有系统之研究不能与世界学术名家，公开讨论……"（《中国营造学社汇刊》创刊号）。

朱启钤这个"沟通儒匠"的主张，大意是说：中国的传统文化不仅仅是士大夫阶层的专利，也不仅仅记载于儒家经典《十三经》之中；出自工匠之手的传统中国建筑同样是中国文化的杰作，而工匠们的传统技艺传承，则是士大夫文化的必要补充。朱启钤以旧官僚之身，率先打破了沿袭数千年的陈见，意识到来自民间工匠的传统文化价值，以此弥补正统儒学文化之不足。

朱启钤意识到了《营造法式》的意义，但同时也遇到了空前的困境——由于失传已久，建筑工匠界的建筑术语也随千年推移而多有演变，故《营造法式》的蕴含精深奥义，一时难以破解。

于是，1929年中国营造学社正式成立，朱启钤先后延聘学贯中西，尤其兼具旧学根基与"科学之眼光"的著名学者梁思成、刘敦桢先生，分别担任法式部、文献部主任。之后，又先后有单士元、刘致平、陈明达、莫宗江、卢绳、罗哲文等学者加盟学社。1930-1937年间的中国营造学社主要的研究课题是古代建筑典籍宋《营造法式》、清《工部工程做法》，并围绕这个课题，尽力寻找重要的官式建筑实例，如五台山佛光寺、应县木塔、正定隆兴寺和明清紫禁城等。中国营造学社对古代建筑中的官式建筑的研究，构成了那一时期中国建筑历史研究的主旋律。

至今，包括传统民居在内的中国古代建筑得到学术界的重视和国内外各界人士的喜爱，均可追本溯源至朱启钤发现《营造法式》、成立中国营造学社和倡议"沟通儒匠"。

有趣的是：朱启钤1919年的正务——南北议和——却是以和谈破裂、朱启钤辞职为收场的；而在议和的过程中，北京爆发了"五四"爱国运动，身为北方总代表的朱启钤与南方总代表唐绍仪曾分别上书徐世昌总统为爱国学生求情，力陈"爱国思潮……其情可悯",赢得了各界的尊重。朱启钤虽政坛失意而能因为民请愿而获得公众的尊重,又无意中以重大学术发现惠泽后学,也算幸运。

2.吕彦直先生在建筑设计中率先采用民居元素

吕彦直（1894-1929）,安徽滁县（今滁州市）人,生于天津,是我国近代杰出的建筑师,"中国固有式建筑"建筑流派的奠基人,代表作为举世闻名的南京中山陵和广州中山纪念堂。

吕彦直早年留学美国康奈尔东西建筑系,曾作为美国建筑师墨菲的助手,参与设计了南京金陵女子大学和北京燕京大学两组早期的中西合璧式建筑,1925-1929年主持南京中山陵和广州中山纪念堂的设计与施工。

在那个年代,中国建筑师对中国古代建筑的认识并不深入,可供借鉴的传统建筑样式很有限,多为明清两代的官式建筑形式。吕彦直在南京中山陵、广州中山纪念堂设计中,最初的方案是大殿正脊、垂脊等部位沿用清代皇宫建筑装饰图案——造型写实的鸱吻（龙头鱼尾的镇水神兽）、仙人走兽（北方民谚

① 发现民居价值的七位重要学者之一的朱启钤

② 发现民居价值的七位重要学者之一的吕彦直

①. 吕彦直采纳岭南民居装饰纹样的中山陵享堂设计图
②. 岭南民居的屋脊装饰纹样之博古纹

所谓"五脊六兽",实际上最高等级的建筑可设11尊,依次为仙人骑鸡、龙、凤、狮子、天马、海马、狻猊、押鱼、獬豸、斗牛、行什)等。这个设计方案令吕彦直心有未甘——建造以推翻满清统治、创立共和政体为己任的孙中山先生的纪念建筑,却在装饰纹样上继续沿用清代宫廷样式。而且,即使可以沿用旧的仙人走兽,也面临一个问题:按中山陵享堂和广州中山纪念堂的屋脊尺度,采用十一尊"仙人走兽"则不美观,采用七尊以下,又在传统等级观念中低于清代的皇家建筑规制。

直到1928年,吕彦直在同事黄檀甫、李锦沛等广东籍友人的建议下,借鉴流行于岭南地区的博古纹(粤语又称"博古尾")图案——抽象为几何线条的云纹、螭龙纹。这样,既保留了传统文化韵味,又以简洁流畅的装饰性造型,赋予建筑整体一些新意。这也是中国建筑师首次将传统民居的装饰纹样用于代表国家形象的纪念建筑之上。这在当时并未引起更多的注意,但无意中证实:

来自民间的建筑纹样是可以应用于高等级建筑的。

3. 龙庆忠先生的《穴居杂考》

1934年2月,《中国营造学社汇刊》第五卷第一期刊发了一篇署名龙庆忠的文章《穴居杂考》。此文对属于民居类建筑的窑洞作了初步的调研,这在当时以探讨官式建筑为主流的建筑学界,显得十分新奇。

龙庆忠(1903~1996年),我国著名建筑历史学家,原名龙昺吟,字非了,号文行,江西永新县人,1925年考入日本东京工业大学建筑科,1931年学成回国,先后在东北、河南建设部门任职,抗战时期在中央大学建筑系任教,1949年后长期任华南理工大学(原华南理工学院)建筑系教授。在我国第一代建筑历史学家中,梁思成、刘敦桢两位先生为中国建筑历史学科的奠基人,有长年实地考察的经验积累,而龙庆忠先生更多时间安坐书斋,却常常以独特的视角提出引人深思的学术观点。

龙庆忠先生1932~1937年在河南工作期间,黄河两岸大量的窑洞式民居留

发现民居价值的七位重要学者之一的龙庆忠

给他极深刻的印象。他以建筑家的敏锐眼光，对当地人习以为常的建筑开始了纯属个人行为的调研。他联想到当时已经发掘的仰韶原始人穴居遗址，从古文献入手，首先整理归纳了与"穴"有关的七十多个中国文字，如穴、窑、窟、窖、窨、窗、窠、窑、穿、窀、窭等，指出现存窑洞式穴居建筑可能与《易经》记载的"上古先民穴居而野处，后世圣人易之以宫室，上栋下宇，以待风雨，盖取诸大壮"之间的演变轨迹。

非了先生的这篇短文，别开生面的由考证现存年代并不久远的民居类建筑，反证出中国建筑的源远流长。至于具体到河南窑洞是否当真与"上古先民穴居而野处"的穴居有直接的传承关系，倒并不重要了。

值得深思的是，随着中国营造学社各类建筑遗存调查的深入，非了先生对民居建筑的文化价值的认识也不断提升。1948年12月，他的《中国建筑与中华民族》发表于《国立中山大学校刊》第18期，从十二个方面论述建筑与民族精神之间的关系，较早阐释出：中国建筑虽然形式多变，等级、体量各异，但以普通民居为基本要素。这就从文化层面上对东西方建筑作出了初步的判断，概括了中国传统民居建筑的文化意义。

4. 刘敦桢等首次测绘民居类建筑

刘敦桢（1897-1968年），湖南新宁人，字士能，号大壮室主人，现代建筑学、建筑史学家，中国科学院院士（学部委员）。1921年，刘敦桢毕业于日本东京高等工业学校（现东京工业大学）建筑科，历任中国营造学社研究员、文献部主任，中央大学工学院（后改为南京工学院、东南大学）院长、系主任、教授。刘先生是中国建筑教育及中国古建筑研究的开拓者之一，毕生致力于建筑学研究、教学及发扬中国传统建筑文化。1932-1944年在营造学社期间，他对华北和西南地区的古建筑进行的调查，以及对我国传统民居和园林的系统研究，都

①.发现民居价值的七位重要学者之一的刘敦桢
②.营造学社首次考察民居类建筑遗存——河南汜水窑洞

为这一学科奠定了坚实的基础。

在建筑历史学界,刘敦桢先生与梁思成先生齐名,因他后来在南京工学院任教,而梁思成先生任教于清华大学,故有"南刘北梁"之说。就二人的治学风格而言,梁思成先生思路开阔,往往一言而开时代之先,而刘敦桢先生性格沉稳、治学严谨,其行文深思熟虑、法度森严而垂范后学,故有人曾将梁思成比作建筑史学之李白,刘敦桢为建筑史学之杜甫。

1936年5月27日,刘敦桢先生携研究生陈明达、赵正之等考察河南,在汜水测绘一处窑洞——此为中国营造学社首次测绘民居类建筑,也为一探此前龙庆忠"窑洞与上古穴居一脉相承"的猜测是否成立。刘敦桢《河南古建筑调查笔记》记载:"5月27日,星期三,晴。晨九时至等慈寺,沿途穴居甚多,择量其一处。"这是中国建筑历史学科奠基以来,第一次以科学方法考察民居类建筑的史料记载。之后,刘敦桢又在《河南北部古建筑调查记》中写道:"在建筑结构上,河南省内的穴居多数采用长方形平面,面阔与进深约

①.营造学社首次考察民居类建筑遗存所绘河南汜水窑洞平面图（陈明达绘）
②.抗战期间中国军队所建窑洞式弹药库

变化于一比二至一比四之间……在保健方面，穴居最大的缺陷是光线不足……"又写道："它存在的原因当然不止一端，而最主要的乃是社会经济能力的贫弱，因此不得不因陋就简……使穴居状况完全根除，不但是一件极难办到的事，即就国防而言，与其消灭毋宁使其利用，也许更为合理。"

　　现在看来，由于刘敦桢等只测量了一处窑洞（穴居），并未踏访到其他一些更合理、更优秀的窑洞实例，故偏重于指出窑洞建筑的缺陷，没能对这类建筑得出全面的认识。但这个稍嫌片面的初次尝试，却也体现了刘敦桢治学值得称道之处：尽管认识不足，还是凭直觉意识到此类民居值得日后深入研究，故安排研究生陈明达绘制了较为标准的窑洞平面立面剖面图。时局正处中日战争一触即发之际，刘先生考虑到了利用窑洞为防空洞，并将建筑形式与社会经济基础综合考量，忧心于建筑功能的缺陷影响民生。可以说，中国营造学社这次对民居建筑并不深入的考察，展现了一代学人忧国忧民的爱国情怀，也展现了一代学人敏锐的洞察力。

遗憾的是，此次所绘制的窑洞测绘图大多毁于不久后爆发的抗日战争。令人意想不到的是，窑洞也真如刘先生所言，在抗战时期发挥了防空优势：陕北延安的窑洞令日军仅轰炸寥寥数次即不再做无用之举，八路军后方医院等得以保全；山西忻口会战期间，中国军队所建仿窑洞式的弹药库经受住了日军的轮番轰炸；战时陪都重庆，甚至建造了一批体量巨大的窑洞式兵工厂。

1936年，刘敦桢先生还曾作《苏州古建筑调查记》，其中包括木渎镇严家花园等民居、私家园林类建筑。同在这一年，梁思成、林徽因合著《晋汾古建筑预查纪略》，文中写道："近山各处全是驰突山级，层层平削，像是出自人工。农民多辟洞穴居，耕种其上。麦黍赤土，红绿相间成横层，每级土崖上所辟各穴，远望似平列桥洞，景物自成一种特殊风趣。"从美学的视角肯定窑洞式民居的艺术价值，同样也属于传统民居研究的初级阶段。

5．抗战期间中国营造学社所发现的传统民居

抗日战争期间，中国营造学社先后迁居云南昆明和四川宜宾李庄。这一时期，战事频仍、物资匮乏，学社同仁抱定坚持学术研究就是坚持抗战的信念，穿行于大西南崇山峻岭间，继续进行古建筑调研。他们的原定目标是希望能在这一地区发现如北方的佛光寺、应县木塔那样的重大官式建筑遗迹，但西南地区这类遗迹的数量却远不及北方地区。不过，这里的民居建筑的数量和种类却非常多。

1938年11月至1939年1月，刘敦桢率陈明达、莫宗江等考察云南西北部古建筑，自昆明、大理至丽江一线，相继发现镇南县马鞍山彝族民居——适应于山地树木茂盛地带的井干式木屋；丽江木氏故居、木氏家祠——西南少数民族的合院式住宅。与此同时，学社的另一位重要成员刘致平先生利用寄居昆

①.发现民居价值的七位重要学者之一的刘致平

②.1938年,刘敦桢、陈明达、莫宗江考察丽江民居

③.刘敦桢、陈明达、莫宗江考察之镇南(今南华县)彝族民居

明郊区麦地村、龙泉村等村落之机,对云南"一颗印"式民居和村落整体格局面貌等开展了系统调研。

1939年8月至1940年2月,刘敦桢、梁思成、陈明达、莫宗江等四人对四川省做广泛调研,留意到四川民居建筑特色,而刘致平利用寄居宜宾李庄的便利,又对四川宜宾民居开展了系统调研。

抗战期间,中国营造学社虽未专力研究民居,但广泛搜集了不同形态的民居建筑原始资料,增强了对中国建筑的多样性的认识。其中刘致平先生在研究中参照了地势、气候、纬度等多重因素,综合考虑构成建筑的自然因素与历史背景,所发表《云南一颗印》等文章,堪称民居建筑单项研究的第一篇力作。

也就是从那时起,刘致平先生开始系统整理我国传统民居资料,在日后对此做了扩大考察和深一步的研究,发表在他的专著《中国建筑类型及结构》(1957年)中,较为深入地综述了各种建筑类型的优劣,其中传统民居占了相当大的篇幅。

刘致平（1909-1995年），字果道，辽宁铁岭人，著名建筑历史学家。1928年考入东北大学建筑系，1935年加入中国营造学社。主要著作有《云南一颗印》（1944年）、《中国建筑类型及结构》（1957年）、《中国居住建筑简史——城市、住宅、园林》（1990年）、《中国伊斯兰建筑》（1985年）等。

刘致平先生在东北大学读书期间就被梁思成等嘉许为高材生，1931年九一八事变后，他加入中国营造学社并辗转云南、四川坚持学术研究。在学术研究上，他所开创的古建筑类型（包括传统民居）研究，甚至得到了英国的科技史研究大家李约瑟教授的关注。

从1934年龙庆忠以文献考证穴居开端，到1936年刘敦桢等精密测绘窑洞，直至1944年刘致平发表《云南一颗印》，传统民居研究才真正成为学术界重视的课题，但还局限于个案研究。

6. 梁思成先生著《中国建筑史》

梁思成（1901-1972年），籍贯广东新会，生于日本东京，毕业于美国宾夕法尼亚大学建筑系，历任东北大学建筑系主任、中国营造学社法式部主任、清华大学建筑系主任，曾当选中央研究院院士（1948年）、中国科学院哲学社会科学学部委员，参与了人民英雄纪念碑、中华人民共和国国徽等作品的设计，著有《中国建筑史》（1944年）、《图像中国建筑史》（英文）、《营造法式注释》等。梁思成先生毕生致力于中国古代建筑的研究和保护，是我国杰出的建筑历史学家、建筑教育家和建筑师。他的学术成就也受到国外学术界的重视，专事研究中国科学史的英国学者李约瑟说：梁思成是研究"中国建筑历史的宗师"。

相比刘敦桢、龙庆忠、刘致平、陈明达等建筑学家只在业内知名，梁思成先生却是在业内外均大名鼎鼎，因为他以开阔的思路率先提出了引进西方现代

①. 梁思成《中国建筑史》所载北京四合院图

②. 发现民居价值的七位重要学者之一的梁思成

学术方法破解中国古建筑之谜的思路，因为乃父为文化巨匠梁启超先生（甚至他之所以致力于中国古建筑研究与保护，也起因于留美期间收到了梁启超寄送给他的丁本《营造法式》），更因为他与夫人林徽因合著的文章文字优美、深入浅出，故由他作古建筑保护的呼吁，比其他人有更大更广泛的社会影响。不过，就个人研究课题的选择而言，梁思成先生始终把精力集中于《营造法式》专题研究和重大的官式建筑实例的考察与解析，对传统民居的关注远不及刘敦桢、刘致平等。

  1944年，梁思成先生在四川李庄完成了中国首部体例完整、见解精辟的建筑通史著作《中国建筑史》，其开创性的学术意义不言而喻。其中有关民居建筑内容，则仅在第七章设"住宅"一小节，分"华北及东北区"、"晋豫陕北之穴居窑居区"、"江南区"和"云南区"等四区简述各自的面貌差异和技术特征，指出"各区住宅之主要特征，平面上为其一正两厢四合院之布置，在各区中虽在配置上微有不同，然其基本原则则一致也"。

不过，其对若干建筑价值的评判，依旧留有不足之处。如在年代判断方面，梁先生认为："住宅建筑，古构较少，盖因在实用方面无求永固之需要生活之需随时修改重建，故现存住宅，胥近百数十年物耳……"大意是说：由于民居建筑经常维修、改造乃至重建，现存的民居建筑的建造，年代没有超过一百年的建筑实例。显然，这样的断代与实际情况相差较大，也说明此阶段的民居建筑研究仍属草创阶段。

尽管如此，梁先生著于抗日战争后期的《中国建筑史》，首次把传统民居写入正式的中国建筑通史之中，客观上肯定了传统民居的文化价值。

7. 经典著作《中国住宅概说》问世

新中国成立后，建筑界的首要任务是为恢复国民经济而"多、快、好、省"的建造大量工业与民用建筑。建筑历史学界的研究重心也因此由官式建筑而逐渐转向更贴近百姓生活的民居建筑。

1952年，时任南京大学工学院教授的刘敦桢先生收到安徽徽州地区的报告，称徽州西溪南村发现有古代民居遗存，其中一些甚至可能是南宋遗物。于是，刘敦桢亲往实地考察，证实地方报告所说的宋代遗存实为明代遗存，其年代可上溯明代初年至明中叶，而其中苏雪痕宅极可能为明初遗构，这也首次实证了中国有超过300年的民居类建筑实例，梁思成先生对民居年代"胥近百数十年物耳"的判断趋于保守。

此次刘敦桢所著《皖南徽州古建筑调查笔记》《皖南歙县发现的古建筑初步调查》，除论证皖南徽派民居建筑的年代问题，更具体考证了明代徽派民居的若干特征。文中不仅仅将中国营造学社同仁对现存民居的断代提高了二百余

1952年12月刘敦桢先生考察皖南西溪南村明代民居

年,更重要的是展现了民居类建筑研究的一种既法度严谨又贴近现实生活的研究方法。

正是这次成果卓著的考察,促使刘敦桢先生开始系统梳理1929年以来所掌握的传统民居资料,于1956年撰写出版了一部在中国建筑历史学科上被公认具有里程碑意义著作——《中国住宅概说》。

这部著作之所以获得如此崇高的声誉,表面上看,是因一改过去将主要精力用于古代官式建筑研究的旧局面,而将研究视野拓展为官式建筑研究与民居建筑研究并重,极大丰富了中国建筑历史的内容,可谓引领时代之先声。在深层的文化意义上,则是将以往纯学术性质的借建筑研究之途径探索中国文化精神,改变为将建筑与大众生活紧密关联。

刘敦桢先生在书中指出:"大约从对日抗战起,在西南诸省看见许多住宅的平面布置很灵活,外观和内部装饰也没有固定格局,感觉以往只注意宫殿陵寝庙宇而忘却广大人民的住宅建筑是一件错误事情"。对于当时

①. 发现民居价值的七位重要学者之一的陈明达
②. 1957年陈明达主编《中国建筑》收录蒙古族民居"蒙古包"的搭建过程

的建筑界而言,这是启发学界同仁走出象牙塔尖的振聋发聩之作。

当然,这里所说的全面总结,特指汉族地区或受汉族影响较大地区的民居,尚未更广泛的涉及到少数民族地区的民居。

8.《中国住宅概说》问世之后

《中国住宅概说》出版后,建筑学界各学术机构民居研究蔚然成风。1953年,中国建筑研究室在刘敦桢先生的直接指导下,完成对皖南徽派民居进一步的考察,于1957年出版《徽州明代民居》,并在稍后的调研中有福建环形住宅等前所鲜为人知的新发现;稍后成立的建筑工程部建筑历史与理论研究室,也在编著《北京古建筑》一书时,一改以往专注研究宫殿、陵寝、寺观的做法,增加了对北京四合院的述论。

此期间，尤其值得重视的是 1957 年中科院土木建筑研究所与清华大学建筑系合作编著的大型图册《中国建筑》。此书不仅加重了对民居、园林等建筑形式的介绍，尤其加大了对少数民族地区民居建筑的介绍和研究的力度。书中所附未署名的前言《中国建筑概说》一文系建筑史家陈明达所作，概要指出："中国是一个多民族的国家，各民族的建筑随着各自的生活习惯和不同地区的材料技术，而具有不同的风格……由于几千年长期文化交流的结果，就使得各民族间的建筑，虽然有这些不同风格，却仍然有很多共同特点。"

陈明达（1914—1997 年），湖南祁阳人，我国杰出的建筑历史学家。1931 年加入中国营造学社，师从刘敦桢、梁思成，为刘敦桢先生的主要助手。主要著述：《崖墓建筑》（1942 年）、《应县木塔》（1966 年）、《营造法式大木作制度研究》（1981 年）、《中国古代木结构建筑技术（战国—北宋）》（1991 年）等。

陈明达是刘敦桢的学生和助手，其学风严谨与性情耿介，也与乃师有许多相像之处。他的研究方向是专力辨析《营造法式》而非传统民居研究，但他出身于书香世家，曾身居长沙、祁阳、北京等地民居多年，以其学识和观察力深知传统民居与官式建筑的渊源关系，故日后在《中国古代木结构建筑技术（战国—北宋）》一书中，有借助凉山地彝族民居的特殊结构形式，求证古代木结构建筑技术起源和原貌的出人意料之举。

上世纪 80 年代，陈明达出任《中国大百科全书·建筑·园林·城市规划卷》（1988 年出版）的"中国建筑史"分支学科主编。在该卷词条设置问题上，他征求各方意见，决定将过去混用的"住宅"、"居住建筑"、"民居"等名词，统一设置为"民居"（domestic house）条目。与此同时，《中国美术全集》编委会也经陈明达等人的建议，决定设置"民居建筑卷"。至此，传统民居正式登堂入室。

自 1919 年朱启钤发现宋代建筑典籍算起，中国建筑历史学科创立迄今近百年。回想创立之初，那时的西方建筑界正在流行《弗莱彻尔比较建筑史》，此

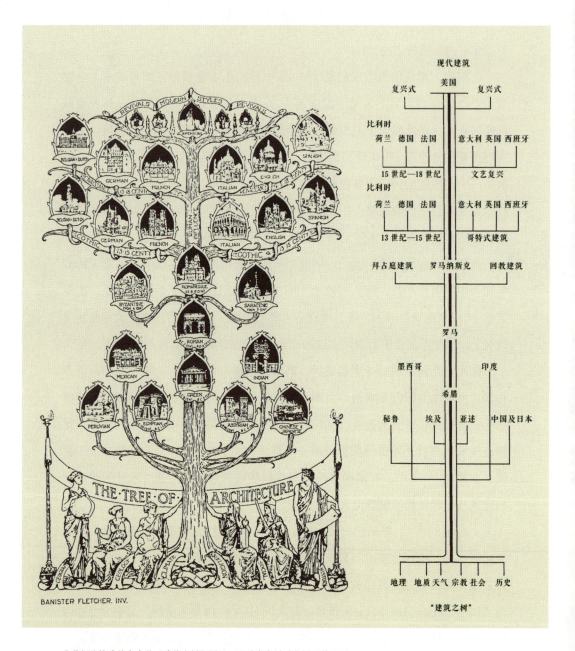

弗莱切比较建筑史中的"建筑之树"图示,以及李允鉌对此图示的汉译

书中的一张图示甚至比此书更为著名——世界建筑之树示意图。此图示所要表达的意思是：世界建筑有如一棵大树，其所赖以生长的土壤含有"地理、地质、气候、宗教、社会、历史"等六大要素，此大树的主干乃是欧美建筑的发展进程。从古至今，这颗"世界建筑之树"已由初始的希腊、罗马阶段演进至欧美现代建筑阶段；这颗大树的繁复丰硕的伞状枝叶为拜占庭、哥特、文艺复兴等众多欧洲不同历史阶段的建筑流派、现象，而中国、印度、秘鲁、墨西哥等流派只是人类早期文明在世界建筑之树上的次要分枝。无疑，这是一个以"西方文化中心论"为基本观点的图示。

自1929年中国营造学社创立以来，朱启钤、刘敦桢、梁思成、吕彦直、龙庆忠、刘致平、陈明达等辛苦探寻，以事实告诉世人："世界建筑不是一棵树，而是由不同树种组成的建筑森林。而在世界建筑之林中，中国建筑无疑是一棵枝繁叶茂的参天大树"，而在求证中国建筑为参天大树的过程中，对传统民居不断加深地认识无疑起到了至关重要的作用。

古代官式建筑无疑在艺术形式、技术水平等方面代表着国家的最高水平；古典园林则反映着以文人为代表的诗意化的审美情趣；民居建筑则是最基本的社会生活的载体，是中国一切建筑现象的基础和根本……只有对中国建筑历史上的多项内容均作深入研究，并加以综合考量，才可真正领会中国古代建筑文化的内在精神，才可结合现代中国的现实，寻求中国建筑文化的复兴。

漫话传统民居之传统

中国传统民居有着至少4000年可印证于历史文献(如《尚书》《诗经》《周礼》等)的传承,而上溯至史前史的河姆渡遗址、仰韶遗址等,向下衔接汉唐宋元各类建筑遗址,各类文物佐证环环相扣,足以说明现存民居之源远流长,远不止4000年。

一
大匠营国
形式多样的传统民居

在我国的传统中,从事建筑业的工匠大多认为传说中的巧匠鲁班是本行业中的祖师。如天津蓟县有著名的独乐寺,距其不远处就建有一座鲁班庙,工匠们像供奉家族先祖一样祭祀着鲁班。传统民居就出自这些"鲁班门下"之苦心与妙手。这个行业的师承渊源是相当久远的。

这些建筑遗迹、遗物以及历代绘画的佐证,首先证实了中国上古三代文献对更为久远的传说时代的建筑描述绝非空穴来风——《尚书》、"三礼"及先秦诸子的文字记录曾长时间令世人将信将疑;而历代诗词歌赋中对建筑(包括民居建筑)的描述与吟咏,不仅弥补了实物遗存(先秦至元代的传统民居实例)的断代缺憾,更是还原出一幅幅生动的古代中国日常生活场景。

由此,我们发现传统民居不仅仅与建筑考古、文献记载所证实的中国建筑历史相吻合,其所表达的建筑思想也与历代营建民居类建筑的基本思想相吻合:崇尚简约、适用,追求一种自然、适度的建筑本体之美。墨子就藉其对"宫室"做探源陈述,提倡建筑应简朴、适用。

就对中国自周秦以来的影响力而言，诸子百家各有建树，而儒家的礼制思想无疑是占主导地位的，其对建筑业的态度可理解为：按社会功能评估，能简约的尽量简约，需要倾全力营建或雄伟或华贵场景的，也绝不吝啬，后世也不乏大制作，如汉代未央宫、唐代大明宫等。对于民居类建筑，常常意见相左的儒墨二家倒是意见相近的，如孔子对其弟子颜回身居陋室而不改其乐的赞赏，又如唐人刘禹锡所作《陋室铭》等。

在儒家思想的影响下，各朝各代多曾制定严格的建筑等级制度，对官式建筑（宫、殿、坛、庙、寺、观等）、民居建筑（官署以外的居住建筑）的规模、用材、装饰等有严格的限定。这个等级限制，过去曾被批判为阶级压迫的证据，但今天重新认识，则发现其主导思想有控制高官富商等奢华无度的用意。这个做法，放在今天也是有一定借鉴意义的。

重要的是，建筑规制下的节俭，不一定就是建筑面貌的单调，有时恰恰相反：一定的限制反而激发人们在不变的限定条件下做出多姿多彩的创作，如建筑等级限制了建筑彩画的使用，聪明的民间工匠就代之以既不逾矩而形象更为生动的装饰性木雕。

当然，这只是汉族聚集区或受汉族文化影响较重地区的情况，而涉及到一些少数民族的民居，情况则有所不同。陈明达先生就曾指出："各民族的建筑随着各自的生活习惯和不同地区的材料技术，而具有不同的风格。"

中国是一个历史悠久、疆域辽阔、地形复杂、气候多变、多民族和睦相处的国家。这个有着5000年文明传承和近万年史前遗迹的华夏文明，960万平方公里的土地，南北纵跨亚寒带、温带、亚热带、热带等不同的气候带，有高原、山地、平原、盆地、峡谷、宽谷等不同的地形，为适应不同的自然环境，各地居民自然会对建筑有不同的要求，如寒冷的地方希望保暖，炎热的地方希望阴凉，山地居民希望出行便利……

除了这些自然环境因素外，还有历史文化因素：在漫长的历史演变中，作为主流的汉族民居要使建筑更大程度上符合礼制文化的功能要求，如长幼有序、耕读传家、诗书继世等；又在不同的历史时期和不同的地域接纳了兄弟民族乃至外来文化的影响，如唐宋时期因西域高脚家具样式的引进，使得人们对室内高度有了新的要求，如元代的北京民居中增添了亚寒带所适用的火炕。而很多少数民族的民居建筑也或多或少地接受着汉族文化的影响，又因地制宜地保留了本民族的文化要求，如信奉伊斯兰教的回族人在建造清真寺时部分采纳了汉族宗庙建筑外观（抬梁构架、挑檐、琉璃瓦面等），室内布置则须符合其宗教礼仪要求，其民居建筑也相应地有种种生产、生活和文化上的变通；再如藏族地区民居，其大型建筑时常见斗栱、挑檐等汉族建筑元素，但整体建筑格局是适应高原山地的。这种藏式建筑又反过来影响了川西、滇西北等地的汉族、羌族、纳西族建筑。

目前我国各地现存的传统民居在单体建筑结构上主要有木结构、砖木混合结构和砖石结构，而木结构建筑是我国传统民居最主要的建筑；再由这些不同结构的单体建筑，组合成不同的建筑组群；各类建筑及建筑组群又有相应的装饰艺术。

（一）结构百变的传统民居

1. 木结构民居

所谓木结构建筑，就是主要以木构架承重的建筑，具有便于建造、室内空间布局灵活和抗震性能优良等特点，即民间百姓所形容的"墙倒屋不塌"。按这一框架承重体系的基本原理，我国不同地域又有不同的结构方式：抬梁式、

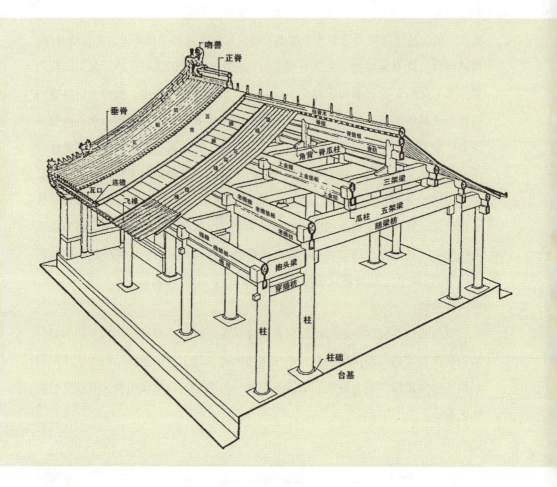

抬梁式屋架

穿斗式、插梁式、井干式和平梁密檩式，以前二者最为常见也最为重要。

抬梁式建筑

立柱上架梁，梁上又抬梁，梁端设纵向檩条，再加椽铺板，板上铺瓦，形成两面坡的屋顶。这种结构形式使用范围最广：小到中国北方的普通农舍，大

抬梁式屋架所形成的屋顶样式

到皇家等级的宫殿、庙宇、寺观等都可采用。举世闻名的应县木塔即以这种构架原理建造而成，其屋顶形式也可按需要形成庑殿顶（如故宫太和殿）、歇山顶（如北京天安门）、攒尖顶（如故宫中和殿、天坛祈年殿）等多种，用于民居则多为悬山顶和硬山顶（如在北京的清代四合院式民居中，正堂、厢房乃至只有一开间的门楼，均使用抬梁式结构）。抬梁式结构是汉族木构架建筑体系的代表和主流。

穿斗式结构

"穿斗"又写作"穿逗"。此结构形式也称立贴式，沿房屋的进深方向按檩数立一排柱，每柱上架一檩，檩上布椽，屋面荷载直接由檩传至柱。每排柱子靠穿透柱身的穿枋横向贯穿起来构成的一个框架立面。每两组框架之间使用斗枋和纤子连在一起，形成一间房间的空间构架。斗枋用在檐柱柱头之间。我国南方长江中下游各省至今保留了大量明清时代的穿斗式民居建筑，甚至一些木构廊桥也采用较简洁的穿斗结构，如湖南新宁县回龙桥。

插梁式

将承重大梁插在前后檐柱的柱身上，梁上再以抬梁式架构梁檩，梁上短柱之间以穿枋连接。这种结构方式兼有抬梁式与穿斗式的一些特点，多用于江南地区较大的厅堂、祠堂等建筑。皖南、浙东地区的大型民居多采用此式，其华丽的木构件雕饰，让人深刻印象，如安徽歙县呈坎之罗东舒祠。

井干式

以圆木或矩形、六角形木料平行向上层层叠加，在转角处木料端部交叉咬合，形成房屋四壁，形如古代井上的木围栏，再在左右两侧壁上立矮柱承脊檩构成房屋。这是一种非常古老的结构方式，在我国上古时期即有应用，至今在

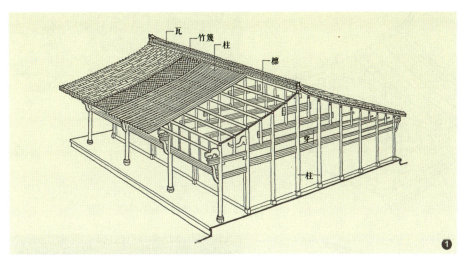

①.穿斗式屋架
②.湖南新宁回龙桥内部穿斗式梁架

我国森林茂密的西南、东北地区仍可见到它的踪迹。抗战时期,东北抗日联军也曾在林区以这种方法建造密营。

平梁密檩式

　　沿纵向柱顶铺设大梁,梁上横向铺设檩条,舍弃了坡顶而形成平顶房屋。此种结构的房屋因跨度不宜过大而体量较小,多在干旱地区使用。今辽宁义县

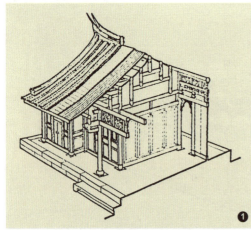

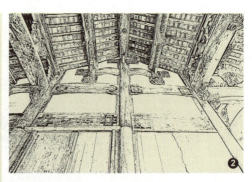

①.插梁式屋架

②.插梁结构举例——呈坎村罗东舒祠

①.井干式屋架

②.黑龙江亮子河林场密营——井干式结构举例

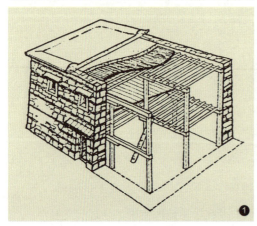

①.平梁密檩式屋架

②.辽宁义县民居——平梁密檩式结构举例

著名的辽代奉国寺的周边，仍保留了这种结构民居的整片街区。

除上述五种典型的结构方式外，约在晚清以后，又有一种砖木混合结构形式，建筑物中竖向承重结构的墙、柱等采用砖或砌块砌筑，楼板、屋架等用木结构。这也许是我国木材日渐稀少的缘故。

2. 砖石结构与其他特殊结构民居

受自然资源和生活习惯等因素影响，我国汉族地区也有一些不用木材而使用砖石的民居（如中原、西北等地仿照窑洞形式所建的地面建筑），主要以墙体和砖石质地的柱子承重；边疆少数民族地区还有一些受外来影响的砖石建筑。

其他如纯利用黄土坡地横向开掘建筑空间的窑洞、蒙古草原可移动的毡包，还有一些地区渔民以舟代室的水居建筑等，可视为特殊的民居结构类型。

（二）空间多变的传统民居

传统民居的结构只是构成传统民居的基本成分，只能辨认一座单体建筑，远不是全貌。这些结构上或抬梁式或穿斗式的单体建筑，还要依据社会制度、生活习惯、文化理念等，将若干单体建筑在平面布局上组合出不同的空间形制，才能形成完整的民居风貌。我国的传统民居大致可分为四种空间组合类型：庭院类、独幢类、集居类和移居类。

1. 庭院类民居

庭院类为我国分布最为广泛的形式，其将若干单体建筑分布于不同方位，向内合为出一个共有空间的庭院，在此类型下还可再细分为三合院式、四合院式、天井式和三堂式等。

三合院式

以三面建筑合围庭院，第四面或空缺或仅设门墙。前者多为乡村的普通民居，如湖南韶山的毛泽东故居；后者可为较精致的重楼组合民居，如一些中小型徽派民居。

四合院式

顾名思义为四面建筑物合围出庭院，但这也只是基本单位，还可以此纵向组成南北中轴线的三进、四进院落，并可横向左右分布东西跨院，更能因地制宜，开辟出附属的园林，如《红楼梦》中的大观园。四合院式民居在我国分布最广，以北京四合院最为著名，也最具代表性。另有山西晋中民居（如乔家大院）、宁夏与甘肃的一些回族大宅院（如临夏东公馆）、陕西关中民居（如韩城党家村民居）、东北满族民居、青海庄窠、云南大理与丽江的白族民居和纳西族民居等，都属于这种类型。

天井式

与四合院式的区别在于四面的建筑屋面相衔接，合围出中间狭小的正方形或长方形小庭院。因院落小，对比出四周屋檐较高，有如井口，故此得名。此类建筑也可环环相扣，组合成若干进院落，适应于湿热多雨的气候条件，多流行于长江流域以南地区。苏州民居、徽州民居、东阳民居、湘西民居、粤中民居、云南"一颗印"民居、新疆"阿以旺"民居等，均属于这一类型。

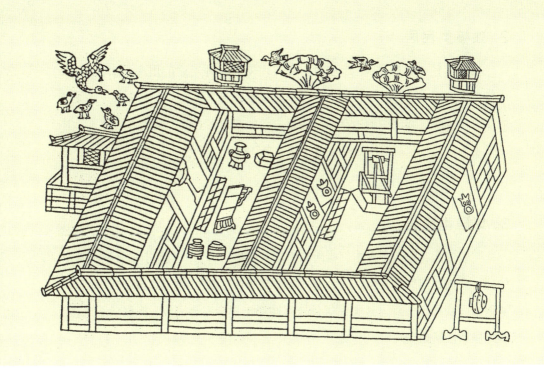

沂南汉画像石中的三堂式民居示意

三堂式

起源很早（汉画像石中就有所表现），以下堂（门堂，院门两侧为护卫仆人住房，上古时期设私塾也往往在此）、中堂（厅堂，会客、家族议事场所）和上堂（寝堂，主人居室，也可用作祭祖的祖堂）这三堂前后排列，其与四合院的区别在于：三堂的庭院内不设厢房，而将厝房纵列在主院两侧，为家族的主要生活起居区域。此类民居主要分布在闽东、闽南、潮汕、台湾。

2. 独幢类民居

所谓"独幢式民居",即在一座建筑内安排多种用途的用房,除起居室、厅堂等主要用房之外,厨房、仓房等一应俱全,甚至还包括畜圈在内。此类民居多见于少数民族集中的边疆山林地带,包括起源古老的干阑式木构建筑、井干式木构建筑、砖石结构的藏羌碉楼和云南红河州一带的"土掌房"等。

3. 集居类民居

主要分布在闽南、粤东、赣南等客家人聚集区,为少则数十家多至上百家的同一家族共同居住、生活的大型住宅,集居住、祭祖、贮藏、饮水、饲养和防御诸多功能于一身。这类民居建筑有圆形土楼、方形土楼、围屋、五凤楼、围龙屋和杠屋等形式。

4. 移居式民居

一般说来,建筑是不可移动的,但也有例外:一些人类族群因生产方式的原因,不能定居于固定地点,于是建造了一些可经常移动的房屋,可称之为"移居式民居"。在我国,蒙古族、藏族、鄂温克族等牧民仍以游牧生活方式为主,故相应地产生了内以便于拆卸拼装的木骨为构架,外罩毛毡的可移动住房。蒙古族牧民的这类住房为圆形平面,穹隆屋顶,称为毡包或蒙古包;藏族、羌族牧民常用平面为矩形,幕布内衬立柱,四角用绳提拉的帐篷,称之为帐房。

此外,我国东南沿海一带,还曾生活着以舟为居的疍家人,故所居之舟船也可视为一种移动的房屋。后来随着围垦开发,疍家人在水边搭建起一种称为"疍家棚寮"(又称"水棚")的住宅:水中插立原木,形成与陆地相连的栈桥,

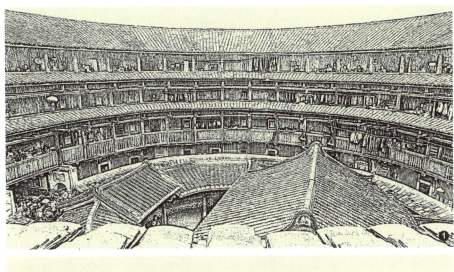

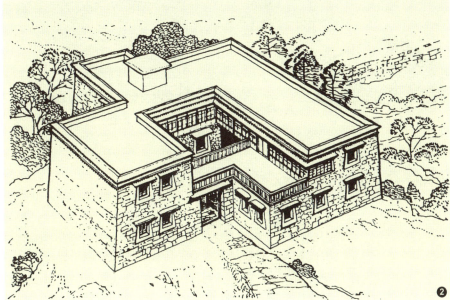

①. 集居式民居——圆形土楼
②. 独幢式民居——西藏碉楼图

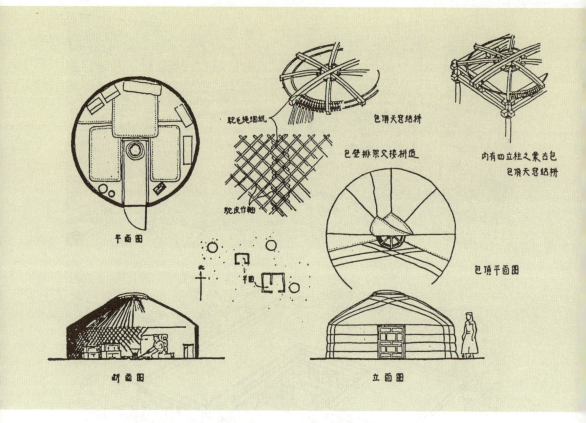

移居式民居——百灵庙蒙古包图（刘致平绘 选自刘致平《中国建筑类型及结构》）

桥上用竹竿、茅草、树皮等为材料建筑而成简易住房，其墙壁多用树皮或竹编织成围笆围成，屋顶多以茅草、树皮。这种水上住房虽基本固定，但仍保留着可随时拆卸，异地再行组装的灵活性，故仍可视为一种移居式民居。

（三）装饰丰富的传统民居

丰富多彩的建筑装饰也是构成中国传统民居民族特色的重要构成因素。

我国著名建筑历史学家陈明达先生曾精辟地概括："使用强烈的原色作装饰是中国建筑装饰最突出的特点。建筑物各部分都具有一定的色调：白色或青色石质的基座，上面立着朱红色的屋身，檐下用纯青绿等冷色作彩画，屋面是黄色或绿色的发亮的琉璃瓦。这种色调使建筑物显得分外庄严富丽，是宫殿、庙宇常用的色调……北方的住宅也喜欢用浓重的色调。朱红色的屋身和青灰色的瓦面是主要颜色。南方住宅庭园则是另一种色调。那里的匠师喜欢把墙面粉刷得洁白，使之与木构部分的暗色和青灰色的瓦面形成明快爽朗的对比。白色墙面上的门窗洞口常常做成深色，使它获得鲜明的轮廓。这种色调使建筑物显得极其幽雅安静，尤其在庭园中更能取得与周围景色相协调的效果。"

建筑物的细节装饰，如"窗格、漏窗、栏杆和地面等的图案，都是和周围环境相协调的、精致的艺术创作，并且注重就地取材和利用废料。庭园建筑的门窗位置有极重要的意义。通过门窗孔洞应当看到极美好的对景，把环境中可取的景致通过门窗引到室内来，好像是室内悬挂的画幅。因此，也有必要把门窗边框设计成各种画框的形象。"（陈明达语）

此外，民居的室内布置、陈设等，也起到了营造中国特有的艺术氛围的作用。如使用碧纱橱（槅扇）、屏门和各种花罩（落地罩、炕罩八方罩等）等隔断室内空间，使分割出来的隔间面积虽小而不显局促，甚至充满了诗情画意。

二 厚生为则传统民居的发展历程

目前我国已知的各地传统民居现存实例，大体都建造于明代以后，但这些看似不超过600年的近古时期的建筑物，有着更为久远的历史成因。我国长达5000年以上的文明史进程，形成了我们今天所看到的这个幅员辽阔、历史悠久的多民族共融一体的华夏文化。在这片地大物博的土地上，汉民族占人口的大多数，是华夏文化的主体，在建筑方面形成了独树一帜的中国建筑体系，并对兄弟民族产生了或多或少的影响。

（一）上栋下宇的氏族公社村落民居

所谓"中国建筑体系"，是指古代中国建立在一整套独特的木框架结构技术的基础上，所形成的建筑面貌及其所蕴含的建筑思想。这个独特的木结构建筑技术在新石器时代后期就已经初见萌芽，如《易经》所记："上古穴居而野处，后世圣人易之以宫室，上栋下宇，以待风雨，盖取诸《大壮》。"

位于陕西省西安东郊浐河东岸的半坡遗址，属我国黄河流域的新石器时代仰韶文化，距今6000年以上，是地处黄河流域的一处母系氏族公社村落遗址。半坡遗址之居住区由一条大型壕沟环绕，占地约30000平方米，以一座平面呈正方形的大型房屋为中心，中小型房屋窑穴等散布周围。

遗址发掘出房屋共计46座，中小型房屋的平面基本为圆形，又分为半地穴上覆棚架和纯地面木架两类，较有说服力地诠释了"穴居野处"向纯地面建筑的演变过程。半坡遗址分为若干村落，村落中以公用的大房子为中心，可能是公共议事及男子群居场所，中型房屋为年长的母亲与未成年子女居所，小型房屋为适龄妇女过对偶婚制生活的居室。类似的实例还有陕西临潼姜寨遗址、河南郑州大河村遗址等。

而长江以南的河姆渡遗址则展示了树上"橧巢"向地面过渡的成果——干阑式木屋。河姆渡遗址是我国目前已发现的最早的江南新石器时期文化遗址之一，也属母系氏族公社村落。此遗址总面积约4万平方米，年代为7000年前。其中干阑式建筑遗址为背山面水布置，房屋依山而建，由桩木、板桩、圆木组成排桩及板材，形成干阑式建筑样式。另有小桩木组成的圆形栅栏圈可以圈养家畜。这种干栏式木构建筑，是原始巢居的直接继承和发展，是针对地势低洼潮湿的自然环境所作出的充满智慧的建筑选择。

令人惊叹不已的是：这时的建筑构件已经开始使用榫卯连接。北方氏族公社由穴居而地面、南方由巢居而地面的变化，我们从古代留存下来的文字中窥见一斑。

战国时期著名思想家墨子曾在《墨子·辞过》写道："古之民未知为宫室时，就陵阜而居，穴而处，下润湿伤民，故圣王作为宫室之法曰：室高足以辟润湿，边足以圉风寒，上足以待霜雪雨露，宫墙之高足以别男女之体。"（远古的时候，人们还不知道建造房屋，在靠近山林高地的地方生活，住在洞穴里，地下潮湿有损人的健康。为此，圣王创立了建造房屋的法则：地基之厚足够隔离潮湿，围墙可以抵御风寒，屋顶能够抵挡霜雪雨露，而墙的高度也足够维护男女之别。）

《礼记·礼运》则有这样的记载："昔者先王未有宫室，冬则尽营窟，夏则居橧巢。未有火化，食草木之实，鸟兽之肉，饮其血，茹其毛。未有麻丝，衣其羽皮。后圣有作，然后修火之利。范金，合土，以为台榭、宫室、牖户；以炮，以燔，以亨，以炙，以为醴酪。治其麻丝，以为布帛。以养生送死，以事鬼神上帝。皆从其塑。"（从前，先王时代没有宫室〈住房〉，冬季居住于夯土垒砌的穴居，夏天栖身于树上搭建的橧巢。那时还不知道用火烹饪，吃草木果实、鸟肉兽肉，喝血，咀嚼皮毛。也没有麻和丝，以鸟羽兽皮制衣。后来出了圣人，人们才知晓使用火所能带给生活的种种便利。人们学会制范模铸造金铜器物，和泥制坯烧制砖瓦，用来建造台榭、宫室、门窗；学会了烹、煮、烤食，酿甜酒，变奶为酪。人们抽麻缫丝，制成麻布绸布。这些前所未有的物资养育活着人们并料理其丧事，还用它们祭祀鬼神上帝。后世的一切皆自此形成规范。）

这里所说的"营窟"，大致就是建造上文墨子所说的"上古先民穴居而野处"的"穴居"；"橧巢"系指在树上搭建如鸟巢样的住房。无论"穴居"或"橧巢"，人们所期望的都是一种可冬避严寒、夏避风雨的永久性住宅。今日所见陕西西安半坡遗址等北方的氏族公社遗迹，似乎是半地下的穴居向地面建房过渡的遗

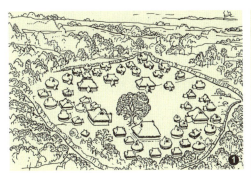
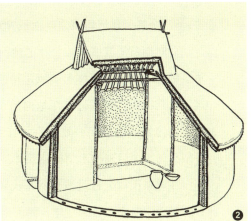

①. 半坡遗址村落复原图
②. 半坡遗址之地面建筑

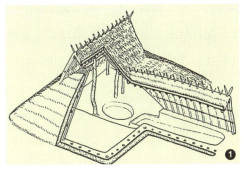

①. 半坡遗址之半地下穴居
②. 半坡遗址之地面建筑

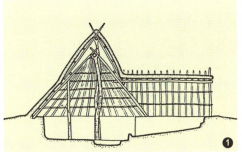
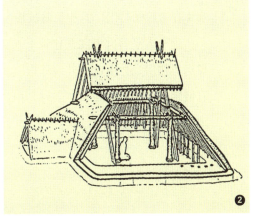

①. 半坡遗址之半地下穴居
②. 半坡遗址大房子复原图

迹；浙江余姚所建河姆渡建筑遗址，似是记录着树上"橧巢"向地面转移的过程。

此时期黄河流域氏族公社的地面建筑还很简陋，将圆木加工成木骨架承重，茅草铺置的屋顶与墙体起遮风避雨的作用。此时期长江流域氏族公社的地面建筑，虽是以树上橧巢过渡至地面的干栏建筑，但在以木骨架承重这一点上，是与黄河流域诸遗址相一致的，尤其留下了使用榫卯连接、加固木构件的痕迹，这似乎与我国后来的木结构建筑体系一脉相承。

在母系氏族公社过渡到父系氏族公社的时期，我国先民的建筑水平较前期有所提高，但尚无质的变化，如河南陕县庙底沟遗址等。

放眼世界建筑，似乎各民族在原始社会阶段，都有一个采用木骨架承重的阶段。所不同的是，古埃及、古希腊等会在日后将建筑技术转向以墙体承重的砖石建筑体系；而在我国，无论黄河流域或长江流域，均把木框架承重的技术继承下去，并发展到了极致的程度。

在我国的历史传说中，黄帝、颛顼、帝喾、尧、舜为上古五帝，其统治权力以择贤即位的"禅让"制度相继传承。古文献《墨子》《礼记》所记录的我国传说中的上古时期的生活，恰与半坡遗址、河姆渡遗址等相吻合。这个由茹毛饮血到刀耕火种，再到男耕女织的漫长岁月，比之于孔夫子编修典籍、各诸侯国纷纷"高台榭、美宫室，以鸣得意"的春秋战国，仍是物质匮乏、时时面临生存考验的时代，但却长期被视为中国古代的太平盛世。

这个太平盛世表现在建筑上，就是这些体量并不大，装饰也谈不上华美的民居类住房，并由这些外观朴素、功能简单的住房组合为自然村落，逐渐形成有城墙和护城河的城镇。或许，中国传统民居在这个时期就定下了以质朴、适用为美的美学基调。

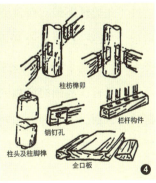

①. 河姆渡建筑遗址——干阑式建筑复原

②. 巢居——干阑建筑

③. 河姆渡遗址建筑木构件出土物

④. 河姆渡建筑构件图

（二）凿户牖以为室的先秦民居

相传在舜的时代，禹因治理黄河有功，受舜禅让而继承帝位，国号夏。禹一改择贤禅让传统，由其子启继天子位，建立夏王朝（前 21-16 世纪）。从此，中国由"天下为公"的原始公社时代，进入"家天下"的帝王时代。夏王朝之后，相继有商王朝、周王朝。这个延续近 1800 年的上古夏商周三代（又称奴隶社会），人类社会生活的物质条件比之往昔有较大提高，而社会等级观念、人的私有欲等也逐渐滋生并成为社会矛盾。

有关这一时期的建筑情况，今天的读者可能会因《封神演义》之类的小说家言，而对殷纣王建造的鹿台有较大的好奇心。相传殷纣王"以酒为池，县（悬）肉为林，使男女裸相逐其间，为长夜之饮"、"厚赋税以实鹿台之钱，而盈钜桥之粟"，而建造鹿台这座"其大三里，高千尺"的高台建筑，竟花了七年的时间。可以说，建造豪华的高台建筑是导致殷商覆灭的重要原因之一。

高台建筑的起源很早，在属于殷商早期文化的龙山文化遗址即有高台建筑遗迹（此遗址还留有版筑城池的雏形），其最初的功能如《国语·楚语》卷十七所记："故先王之为台榭也，榭不过讲军实，台不过望氛祥。故榭度于大卒之居，台度于一临观之高"。也就是说高台是演兵、观天象的场所。入周以来，西周的灵台，战国时的魏国文台、韩国鸿台、楚国章华台等都曾名噪一时，所谓"高台榭，美宫室，以鸣得意"。不过，这种高台建筑在当时并不是很普及的建筑物。那么，那时更具普遍意义的建筑会是什么样子的呢？

1. 院落布局已萌芽的商代民间

在著名的河南安阳小屯村殷墟遗址中，一般居民仍为圆形半穴居房屋，而偃师二里头遗址则出现了较大规模的商代宫殿，长方形平面的宫殿，周围有半廊或复廊式廊庑环绕。河北藁城商代建筑遗址共发现14座房址，分为早期和晚期。早期房屋2座，为半地穴式，晚期房屋12座，大部分为木制梁架的地面建筑。房子的形制、结构以及建筑技术，都比早期建筑有很大进步。

如第二号房子是一座南北向30平方米的双间建筑。南北长约10米，东西宽近4米，中间隔墙将一房分为两室。房屋墙壁也已经脱离了仰韶、龙山和商代前期使用"木骨泥墙"阶段，下半部夯土筑起，上半部用土坯砌垒。值得注意的是，在房屋山墙上留有"风窗"，可谓开创了房屋建筑史上防潮设计的先河。河北省藁城县台西商代建筑遗址和河南省安阳殷墟宫殿遗址，说明依南北中轴线、用房围成院落的中国建筑布局方式已经萌芽。

另外，从殷墟遗址出土的甲骨文中，我们可以找到大量的与建筑相关的文字，如家、宅、室、宫、京、宗、高、行、墉、宿、井、户、门等，大致可以推断出：当时的房屋多为坡顶，沿袭前期的木骨架建筑构造，出现了建造在夯土台上的高台建筑，室内以席子铺地，家具乃至房屋体量较低矮（因生活习惯是席地而坐）等。

2．四合院布局开始的西周民居

陕西岐山县凤雏村西周时代的周原遗址坐落在大型夯土台基上，台基南北长约45米，东西约32米，是一所矩形平面的两进院落。南面正中是大门。门内第一进庭院北面是东西6间、南北3间的堂。堂北面中央有过廊，向北穿过第二进庭院。第二进房屋分成三间，中间为"室"，东西两侧间为"房"。中门、堂、室形成院落的中轴线。在中轴线的东西两侧各有8间纵贯南北的庑，与中轴线上的建筑共同构成前后两进的院落。令人感叹的是，在这座两千多年前的遗址上还发现了完备的排水系统。前院埋有陶制排水管6节，外端接卵石砌的下水道。

①. 商代一号宫殿复原图
②. 甲骨文中与建筑有关的文字

后院也有卵石砌的下水道。

凤雏遗址表明，早在公元前11世纪，四合院布局已经形成，而且是前后两进的四合院。同时，那时的民居建筑的屋顶已经开始局部用瓦，房屋的木构架以深埋柱脚和外包夯土墙来保持稳定。

3．斗栱结构广泛使用的东周民居

东周（春秋、战国）时期完整的建筑遗址发现较少。这一时期有一个现象值得重视：许多墓葬出土的青铜器上有了建筑构件斗栱的形象。其中最有名的是平山县三汲村战国中山王墓出土的战国错金银四龙四凤铜方案，其四条案框各有两个斗栱承托。按模拟建筑构件斗栱的形象，最早见于西周青铜器命簋上所用的栌斗，但形象模糊，尚不能说明其在建筑上的功能，而这件青铜方案，第一次有说服力地模拟出了斗栱承托大梁的实景。

斗栱为我国古代木结构建筑特有的构件，位于柱与梁之间，至今仍被视为中国建筑的象征物。其作用主要在于由屋面和上层构架传下来的荷载，要通过斗栱传给柱子，再由柱传到基础，起着承上启下，传递荷载的作用。斗栱向外出挑，使建筑物出檐更加深远，造形更加优美、壮观。斗栱是起抗震作用的关键，其本身以独特的造型，长期以来兼备承重与装饰作用。

无论祭祀或宴饮，青铜器在先秦时代为高级器皿，是贵族阶层的标志物。以建筑构件斗栱为此等高级器皿的装饰图案，表明这种建筑构件或已在社会上常见，或竟为时尚之先，无疑深得器皿主人的喜爱。

上述建筑遗址及出土文物，说明夏商周三代在建筑技术上的长足进步，以斗栱为特征的木结构建筑体系也已经初具雏形，同时也说明当时的建筑主要以占地面积和单体建筑体量来体现占有者的身份地位，还不具备后世复杂的功能分类和等级划分。还有，直到这一时期，在语言文字方面，"帝居"和"民舍"

战国中山王墓方案上的斗栱

都称为"宫室"。

实际上,相比后代的秦阿房宫、汉未央宫、唐大明宫等,商周时期这种建造在夯土版筑高台上的建筑物(如鹿台、灵台等),远算不上奢华,只是与此时期民居类的遗址相比,的确是耗费大量人力物力的浩大工程。西周时期的民居已出现四合院布局,此时期士大夫阶层的住宅,按古文献记载可知,有更为明显的中轴线布局。一般在中轴线上有大门和正堂,大门两侧为门塾,门内有庭院,院内有碑,用来测日影以辨时辰。正上方为堂,是会见宾客和举行仪式的地方。堂设东西二阶,供主人和宾客上下之用。堂左右为厢,堂后部为室。

这一时期的民居已不仅仅是人们的栖身场所,更具备了社会文化载体的意义。比如后世的初级教育场所——私塾,大致就是在这个时期奠基的。春秋时期民居的大门两侧房屋(相当于后世四合院中的倒座房)称为"门塾"。私学兴起后,大致办学的地点就设在这里。

《礼记·学记》记载:"古之教者,古之教者,党有庠,家有塾……"

相传孔夫子于昭公十七年（前525年）在曲阜阙里私宅兴办私学，大概最初的地点也设在门塾。

夏商周的建筑之文化功能主要体现在神坛祭祀上，至春秋战国时期，门塾办学等现象的出现，则赋予了建筑以更多的社会文化意义。

这一时期的单体建筑多以夯土筑地基，柱、梁、檩、椽等构成木架结构，房屋的墙体也以版筑的方法夯土造就，坡形屋面已可上覆陶瓦。可以想见，这一时期的民居建筑由于使用了斗栱，使得屋檐高挑，造型端庄而不失灵动，恰如《诗经》所言："缩板以载，作庙翼翼""如鸟斯革，如翚斯飞"。

这类虽有装饰而大体依然朴直无华的单体建筑，组合成有中轴线的院落，又由众多院落组合出城市中方正的居住区——里坊。里坊设有院墙，犹如大城中的小城，有防御和集中管理户籍的意图。先民们在这样的居住环境里安居乐业，思想者们也在这里从容思考，成就了中国思想界的第一个高峰——百家争鸣。

这里所说的"版筑"垒墙方法，古文献多有记载，其一是《孟子·告子下》："舜发於畎亩之中，傅说举於版筑之间……"大意是说舜帝在田间耕作中起家，名臣傅说则在版筑劳动中被举荐。

另一则关于"版筑"的记载出自大名鼎鼎的哲学家老子。《老子》中有言："凿户牖以为室，当其无，有室之用。"（开凿门窗建造房屋，有了门窗四壁内的空虚部分，才有房屋的作用）。这句话今天的人读起来会有点费解：为什么不是安装门窗，却是"开凿门窗"？"空虚部分"是指四面墙体所围出来的中间地带，还是指门窗本身为"空虚部分"？

疑点就在这个"凿"字上。老子之所以用这个字眼，原因很简单：那时的墙是夯土墙，只能不留空缺的整体夯筑，之后再行开凿门窗等。其完整的筑墙环节是：把泥土夹在两块木板中间，用杵夯实一层，然后在这一层的基础上再向上提升一段，再作夹板、添泥土、夯实……如此循环往复，直至形成墙体所

抗战时期云南某地仍版筑墙体（陈明达摄于1939年）

需要的高度。这个版筑墙体过程中是无法预留门窗空位的，只能在整体墙形成后再行开凿门窗。故老子此言中的"当其无"，系指实墙凿出空缺，而不是四壁围空出来的"空虚部分"。正确译文应是：夯土墙上开凿出门窗，因有了墙壁上的空隙，才有了房屋的用途。

上世纪抗战期间，中国营造学社曾发现云南某地仍在使用"版筑"这种古老的建筑技术。当然，老子这句话本意不是记录建筑工艺，而是藉建筑的工艺流程阐发他的哲学观点：有与无、实与虚、巧与拙、进与退、攫取与放弃、有为与无为……世间诸多矛盾、诸多选择，须豁达静观，以求得另辟蹊径的圆满。

二千多年过后，老子短短的一句"凿户牖以为室，当其无，有室之用"，被美国现代建筑大师莱特奉为现代建筑设计之圭臬。或者说，老子的学说很大程度上得益于他对社会、自然的观察，包括他从民居建筑工匠技艺中的领悟，开发出了一种华夏民族独有的中国智慧，直至当今，至今仍在启迪着中外建筑学人。

（三）天人合一的汉唐民居

自秦始皇并吞六国起，至辛亥革命推翻帝制，古代中国大一统帝制沿袭了两千年多年，其中以汉代（前206~220年）、唐代（618~907年）最为国势强盛，史称"炎汉""盛唐"。汉唐时期是华夏文明的定型而走向鼎盛的时期。

1. 阶层意识生发的秦汉民居

秦代（前221~前207年）是仅仅存活了15年的短命王朝。汉代在政治制度上沿袭了秦代的中央集权制，而在经济上实施休养生息策略，在文化方面"独尊儒术"，推崇礼仪制度。因而，汉代的官式建筑不乏雄伟华丽之作，如营建长安未央宫时，明确宣称要"非壮丽无以重威"；在民居建筑方面，则沿袭里坊制度，讲究尊卑有序等儒学理念，既有划分社会阶层的意图，也不无统筹建筑资源的功效。也就是从这个时期开始，文字上的"宫室"被专指为帝王居所，列侯公卿食禄在万户以上、门当大道的住宅称"第"，食禄不满万户、出入里门者则称之为"舍"。

汉代住宅有前后堂，贵族住宅还有园林（实用性，与后世有差异）。平民有"一堂二内"的住宅形制，贱民更有"白屋之制"，而豪强地主则筑"坞壁"——有防卫设施的住宅（庄园）。从四川汉墓的画像砖、山东的画像石以及安平汉墓壁画等间接材料上可以看出，汉代住宅除了有门有堂之外，还有回廊、阁道、望楼、庖厨以及园林等。

虽说这一时期尚无地面建筑遗存，但大量的墓葬明器（瓦屋）、画像砖石、壁画等，可以间接说明那时的建筑面貌。由于有封建家庭宗法礼仪的要求，几代同堂，宅第布局上形成前堂后寝、左右对称格局，其正厅较其他配房更为高大宽敞，主次分明，层层套院。有些大宅院设有陂池田园和用于防御的望楼。如成都出土汉画像砖之庄园图、沂南汉墓画像石之宅第图、安平汉墓壁画之庄园图、彭山崖墓出土之冥器瓦屋等。

从这些文物的画面上，我们还可以了解到：汉代人们的生活习惯仍是席地而坐，故室内家具如几案床榻等多为矮脚；大型宅院由房屋及围廊组合成多进院落，另设仓廪、厨房等，建筑组群平面有口字型、日字形、曲尺形；单体建筑中，北方的房屋普遍采用抬梁式构架，而南方民居构架多以枋木插入柱身，似为穿斗式构架的前身，且有许多干阑式建筑；无论南北方，许多建筑形象中都设有斗栱且体量硕大，既用于重要建筑，也可用于如仓房之类的次要建筑，说明此时的斗栱尚未用于标志建筑等级。

此外，这时的宅第园林，也还不是后世主要用于观赏的园林，仍以收获果蔬、豢养家禽家畜为目的。与此相应的是，提倡"罢黜百家，独尊儒术"的董仲舒还提出了"天人合一"观念，而他的"天人合一"，借鉴道家回归自然说而有微妙差异，强调自然服务于人。实际上，汉代在实际社会生活中，儒家、道家这两种思想是时有分歧又互为补充的。我们从汉代民居中所看到的，就是这种人们倚重自然又尊崇伦理秩序的生活场景。在汉代，以儒家学说主导，兼采道家、法家等学术的主流文化体系基本定型，而在汉代晚期又开始接纳外来佛教的影响，使得中华文明更加丰富多彩。

2．开始多样化之美的三国魏晋南北朝民居

此时期的民居仍沿袭两汉民居前后堂制，宅第内有廊、庑、阁楼、园林等。大体上北方政权控制区域（曹魏、西晋、北魏、东魏、西魏、北齐、北周）虽后期为少数民族统治，带有一些草原民族风俗，又接受外来佛教的影响，但留有浓重的儒学宗法礼教痕迹，整体建筑规制因袭前朝，但民居类建筑风格比较

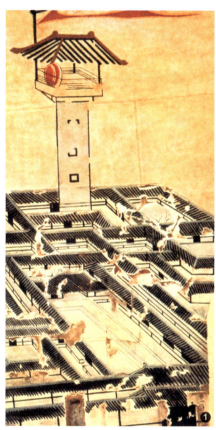
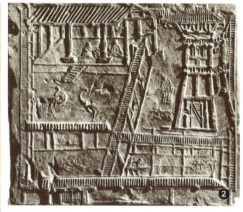

①. 安平汉墓壁画之庄园图（西汉）
②. 成都汉画像砖之庄园图（东汉）
③. 彭山 550 墓四阿式陶屋（东汉晚期）

朴素，贵族高官的宅第附属园林从这一时期开始向观赏性园林演进。据史书记载，曹魏经营的邺城较东汉洛阳更为整齐，西晋时期富商石崇建造的洛阳金谷园极尽奢华之能事，但贫民仍有穴居。至于佛教影响，则有北魏洛阳高四百余尺的永宁寺塔闻名遐迩，今遗址犹存。

南方政权控制区域（蜀汉、东吴、东晋、刘宋、南齐、南梁、南陈）的建筑呈现多样化局面。因除蜀汉外，东吴至南陈均建都建康（今南京），故这里有关六朝的历史记载相当丰富。据史书描绘，全盛时的建康城有居民28万余户，城内皇家宫室有大小殿宇3500余间，门阀士族所经营的名苑别业不胜枚举。在佛教建筑方面，数百年后的唐代诗人杜牧犹慨叹："南朝四百八十寺，多少楼台烟雨中。"

这一时期重要的文物佐证是洛阳出土的北魏宁懋石室线刻画（上世纪30年代流失国外，现藏于美国波士顿艺术博物馆）。从此画中看，画中两屋均为木构架，庑殿或悬山式屋顶，正脊有鸱吻，檐下设人字栱，室内设幔帐；画中左侧庑殿顶房间由短木柱与枋木作框架，上铺地板构成明台，上铺席子以供宾主闲坐。

此石刻线画虽出自北朝，而画面中的民居建筑样式，似乎与同期南朝大致相同。尤令人惊奇的是，画中人物的神态颇与南方六朝时期著名的"竹林七贤"砖画（南京六朝陵墓出土文物）有几分相似——身姿潇洒、神情闲适。或者说，在此时的文化时尚方面，始于汉末，著称于南朝建康、会稽之"魏晋风度"，在北朝也不乏追随者。

魏晋南北朝时期是中国历史上最为动荡不安的时期，但也是我国文化走向鼎盛的过渡时期。从王羲之（303-361年）《兰亭集序》之文采飘逸与书法灵动，陶渊明（352或365-427年）田园诗之参悟世态、返璞归真，刘义庆笔记小说《世说新语》对文人逸事的津津乐道等现象看，这是一个鲁迅先生所说的"文学的自觉时代"的，文学艺术由纪事、说理等实用功能转向文体自身之美。与此相应，建筑也开始为这个"文学的自觉"提供合适的场所，故包括民居在内的建

洛阳北魏宁懋石室线刻画

筑也逐渐形成了格局形态的自身之美,如建康、洛阳等地名苑别业之华丽,如陶渊明笔下乡野农舍"方宅十余亩,草屋八九间"之"复得返自然"的质朴无华。

3. 兼容并蓄的隋唐民居

短命的隋代(581~618年)之后,中华文化在唐代(618~907年)达到鼎盛,并开始形成多民族共融的局面。之后,中国陷入五代十国(907~960年)的战乱纷争时期,此期南北方各割据政权在文化领域的各个方面依旧追随唐风,特别是南方的前蜀、南唐、吴越等国,建筑方面也不例外。

唐代国力之强盛,经济文化之昌盛,可谓为古代中华文明之巅峰,其中后世所称之"东方建筑体系"也在此间臻于完美,如建筑典籍《营造法式》虽成书于北宋,但实际上在唐代已经形成了成熟的设计思想和制作工艺。虽因木构建筑不易保存而遗存不多,但五台山佛光寺等遗存和敦煌壁画等间接材料,足以令后人管窥唐代建筑风貌之一斑。据史料记载，唐长安城市规划之合理、大明宫等建筑群之宏伟瑰丽，在当时已举世闻名，今已得到考古证实。

在民居建筑方面，长安城内居住生活区域108坊，面积在56公顷至25公顷不等，各坊均为正方矩形，另设街巷，其里坊制度远比汉长安或曹魏邺城成熟。而唐东都洛阳也同样大有可观。

具体到当时的民居建筑，虽无实物遗存，但我们从敦煌石窟壁画上仍能欣赏到唐代建筑的式样。唐代的大型住宅平面为长方形，外环墙壁或廊庑，房间多为三开间，明间开门，堂和大门之间有回廊相连。敦煌第45窟唐代壁画《未生怨》中，正厅为敞厅式堂屋，采用悬山式屋顶，室内陈设幔帐、珠帘，人物以多垂足式坐姿，可见家具已渐趋高脚样式；敦煌第85窟《药师经变》为晚唐作品，画中之四合院式宅第已接近明清时期所习见的布局；五代十国中的南唐画家卫贤所作《高士图》中的建筑物，二层重楼大致为抬梁式屋架，室内坐榻、几案等家具十分雅致。

卫贤的另一画作《闸口盘车图》尤其值得重视。画卷以一个用水车作动力的磨面作坊为中心，展示日常生活场景。令人惊叹的是，磨面作坊无论官营或私营，均不是高级建筑，而这个等级并不高的生产性房屋为干阑式建筑：下层立柱间为溪流，设水车贯通至上层磨盘，其屋顶是十字形平面、歇山屋脊式样，竟以鸱吻装饰正脊，又以走兽装饰垂脊，山面博风板可见悬鱼惹草花饰。其风格华丽如此，堪称世间最漂亮的磨坊，大可推想当时用于居住的宅院会是何等光景——至少不应低于这样一个生产经营性的作坊。

唐代比汉代有更严格的建筑等级制度。政府所颁的《营缮令》对各级官僚、士族、庶民的宅第之间架规模、装饰细部等都做了具体的限定，如："六品七品以下堂舍，不得过三间五架，门屋不得过一间两架。非常参官不得造轴心舍，及施悬鱼、对凤、瓦兽、通栿、乳梁、装饰……又庶人所造堂舍，不得过三间四架，门屋一间两架，仍不得辄施装饰……"

①. 敦煌45窟壁画之唐代民居
②. 敦煌85窟壁画之晚唐民居

建筑等级制度有维护阶级利益的一面，同时，有了多重限制，也促使建筑工匠在繁文缛节的约定中开动脑筋，创造出适应不同阶层、不同需求的建筑形式。譬如同属文人士大夫，王维的辋川别业就肯定与杜甫的成都草堂有不一样的形式，不一样的美学追求。

纵观汉唐民居的发展历程，有一个因素也不容忽视：以汉民族为主体的华夏民族在这个持续一千多年（前 205~960 年），相当积极主动地吸取了兄弟民族和域外国的文化，形成立足本土、兼收并蓄的文化大融合局面。唐代民居中就有许多接受佛教影响的痕迹。

（四）醇和之美的宋元民居

北宋（960~1127 年）大部分时间与北方的契丹辽国、党项西夏对峙，南宋（1127~1279 年）与女真金国对峙，最后被元（1271~1368 年）所取代。两宋时期（960~1279 年）是一个汉族集团经济发达而文武失衡的时期；元代统治时间不长，初期按民族将人分成四个等级，汉族人居于第三第四等级，但中后期形成了多民族共融居民。总体来说，宋元时代在词曲、绘画、建筑等方面产生了大批经典之作，展现了中华文化的独特魅力，但也从此开始陷入由盛转衰的停滞阶段。

1. 精美的两宋民居

无论北宋或南宋，其国势均不比汉唐，但文明成果却丝毫不逊于前代，甚至有许多方面是集大成的。以建筑而言，《营造法式》即在北宋后期编撰完成，堪称是世界建筑史上与古罗马《建筑十书》并称的东西方建筑学之双璧。如果

《秋窗读易》图(宋·刘松年)

《草堂客话图》(宋·何筌)

说，唐代官式建筑整体风格为雄厚壮丽，宋代的官式建筑则达到了巧妙精致的极限，故梁思成先生称唐代建筑为比例与结构均壮硕结实的"豪劲"，而称宋代建筑为比例优雅、细节精美的"醇和"。如果单以技术层面衡量，宋代丝毫不弱于唐代，是中国木结构建筑技术史上当之无愧的顶峰。

两宋时期的官式建筑实物，至今留存有相当数量，如太原晋祠、正定隆兴寺、苏州玄妙观等，但在民居建筑方面，则没有实物留存。不过，这一时期有关的文献记录和文学作品等资料很丰富，而两宋又是中国绘画艺术的高峰，为我们提供了高质量的形象资料。从这些宋画画面上可以看到那时的农村茅屋、城市瓦房等各类住宅，甚至可以看到有异域色彩的穹庐、毡帐等。屋顶已有多种形式，细部装修等也很丰富。总体上说，两宋民居一如同时期官式建筑，也大体以精丽见称，尤其突出了文人诗意。

宋代在城市规划方面的一个突出变化，是城市内废除了沿袭千余年的类似大城套小城的里坊制。这就使得民居建筑的整体规划也有了相应的变化：可以将住宅入口沿街开设，城内商店也可临街设置，形成前店后宅的新格局。这是商品经济发达的结果。北宋画家张择端的传世杰作《清明上河图》就生动再现了东京汴梁的繁华图景。

具体到居民院落，汉唐时期多以主要房屋四周设廊屋合为庭院，《清明上河图》中的院落多为四周皆为住房的合院，更有四面房屋屋顶衔接合围出天井的"四水归堂"式格局，已十分接近我们今天所能看到的明清天井式民居遗存。此画中另有农舍，风格简朴，也是很有价值的资料。在建筑构造方面，似乎以抬梁式构架为主，普遍使用斗栱，屋顶均为瓦面，山面博风板有悬鱼惹草装饰。此外，宋代民居建筑已普遍使用槅扇门窗的，窗棂图案以直棂或方格为主，这似乎是为了改善室内采光，装饰美观方面的考虑还是次要的，但客观上具有一种纯朴实用之美感。

有关普通农舍，南宋画家刘松年的《四景图》很有代表性，反映了此期的一个审美倾向：建筑之美，很大程度上取决于其与自然环境相协调，而不仅仅是体量的大小、装饰的华丽与否。

南宋爱国诗人辛弃疾曾在江西铅山营建自家宅院，并作《稼轩记》，提到"**凭高作屋下临之是为稼轩**"，其目的在于"他日释位而归必躬耕于是"，可见当时文人士大夫对于归隐田园的向往。

按宋代也有建筑等级制度制度。据《宋史·舆服志》记载，有"**凡庶民家，不得施重栱藻井，及五色文采为饰**"等多项规定。但实际情况却是：舍弃了对尊贵地位种种标志物的追求，宋代的民居建筑展示出了超出许多高等级建筑的另一种建筑木休之美。

2．方正的元代民居

有关元代民居方面资料留存不多，较有价值的史料有山西芮城永乐宫壁画、何澄《归庄图》等绘画作品和北京后英房元代住宅遗址。后者的重要性在于其为最接近实物原貌的文物遗存。

涉及元代建筑，其最重要的贡献是元大都（今北京）建设，尤其是城中的街巷规划，可称之为"胡同规划方案"，直接奠定了今日北京城的格局。我国古代原本只有街巷这样的称谓，"胡同"来自蒙语的音译，一经采用，即沿用至今。元大都的规划，在城内划分六条南北大街、七条东西大街，纵横方格网内皆为东西向的胡同（窄巷，长约70米、宽约9米），这样便于沿街规划中轴线为南北向的宅院。这种格局彻底改变了旧有的里坊制居住区模式，具有住宅区用地方整、交通便利的优点。

后英房元代住宅遗址在今北京西直门里后英房胡同西北的明清北城墙基下。这是一处规模较大的元代住宅遗址。现场出土了相当数量的瓦当、滴水，多为花草纹、兽面纹和凤鸟纹。经清理现场和复原研究，此遗址为一座大型宅院，

《归庄图》（元·何澄）

分中东西三路布局，中路为中轴，正方三间位于庭院北部，左右建挟屋各一间，前出轩屋三间，形成建立在台基上的凸字形厅堂；东西两路为跨院，西跨院遗址残损严重，难以复原，东跨院与中路厅堂平行偏北位置，为南北两正房之间以短廊相接，组成一组完整的平面呈工字型的工字厅。

将后英房元代住宅遗址与永乐宫壁画、何澄《归庄图》等相参照，可知元代城市居民住宅已经与明清时期的北京民居很接近了。而此处的工字厅遗迹尤显珍贵：它既是宋代建筑的常见形式，又与今日留存的清华大学工字厅（始建于清朝乾隆二十七年（1762年），为清代皇室园林遗存）十分相像，可谓宋元明清，一脉相承。

考古工作者还在英房元代住宅遗址的住房次间、厢房等处，发现了供坐卧之用的围炕遗迹，说明屋主人除接受汉文化影响之外，也保留了一些游牧民族的生活习惯。

（五）集大成的明清民居

明（1368-1644年）、清（1644-1911年）两代为中华帝制时代的末期。明中叶与清康乾两阶段有短期的繁荣，但整体上面临着自身的文化更新问题，至清嘉道时期以降，更面临来自西方列强的文明冲突。表现在建筑方面，官式建筑经过了唐宋的巅峰，到此时走向没落。尽管明清紫禁城依旧辉煌夺目，但从历史的角度看，是无法与炎汉盛唐相提并论的，故梁思成先生称其为"羁直时期"。不过，在民居建筑方面却是另一种局面：这种深植于社会各阶层实际生活的实用性艺术，始终保持着旺盛的生命力和创造力，甚至可以说是中国民居类建筑史集大成的时期。我们今天所能见到的古代中国民居类建筑实物，全部来自这四千年帝制（前21世纪至20世纪初）的最后六百年（14-20世纪初）。

明代初年，国家采取两个统治策略，一是重振儒学礼仪制度以维护社会的安定，一是解放农民、奖励垦荒、扶植工商业以振兴国民经济。为前者考虑，明代制定了最严格的建筑等级制度。如：官员营造房屋不许歇山转角重檐、重栱；一二品官厅堂五间九架，下至九品官住宅厅堂三间七架；庶民庐舍不逾三间五架，禁用斗栱饰色彩，等等。（详见《明史·舆服志》）

不过，由于经济的发展，人们对高品质生活有较强烈的需求，自然也就有了种种变通去应付制度的限制，如富商捐钱换取功名以求名正言顺的提高建筑等级，或以精致的木雕应付对彩画的限定等等。加之明代思想家十分活跃，如中国明代思想家王艮提出了"**百姓日用即道**"的哲学命题，认为圣贤之道，就蕴藏于百姓的常生活之中，追求美好生活是理所应当的。因此，明代建筑工匠在民居建筑的营造过程中，充分开动脑筋，创作了许多不逾制而华丽美观的作品，今江苏、浙江、安徽、山西等地均遗存有水平上乘的明代住宅佳作，如浙江东阳卢宅、安徽歙县西溪南村了吴息之宅、山西祁县乔家大院等。

在民居建筑研究尚未起步的上世纪40年代，梁思成先生曾认为中国民居的现存实物均在清代中期以后。这句话虽经后来的研究者推翻，证实确有明代早中期的遗存，但清代民居占现存民居数量的90%以上也是不争的事实。某种意义上讲，介绍中国传统民居就是介绍中国明清两代的民居，特别是清代民居。

清代对于住宅的等级制度有所放宽也有所严苛，如对屋架数没有规定。但在对待满族与汉族的问题上，却始终保持着戒备，故在北京城施行汉族官员不得在内城建宅第的政策，直至晚清才有所松动。

清代民居存世数量很大，晚清以来的近百年间，民间建筑仍多沿用传统方法，采用木构架庭院式，甚至当前农村修建住宅，有不少仍采用传统形式。也因如此，致使各方面对它的重视程度不够，时有被损坏的消息见诸报端，这是很令人担忧的。例如，北总布胡同24号院本是一处典型的晚清四合院，我国最重要的建筑学家梁思成先生于1931~1937年在此居住，并绘制此院落的平面图收录于其1944年完成的《中国建筑史》，故在建筑遗产保护于建筑史研究上均有重要价值，但仍未免于2009年被拆除的厄运。而他的同事、著名建筑历史学家陈明达先生曾长期居住（1925~1937年）的贾家胡同，此胡同为明代初年所建，街内有湖南永州会馆、福建莆阳会馆、江福建龙岩会馆、苏江震会馆、湖北蕲水会馆、广东高郡会馆、河南归德会馆、河南开封会馆、广西柳州会馆、广西南馆、江西庐陵会馆等，清代高官、名士如陈大受、林则徐、曾国藩等都曾在此居住，是清代北京汉族高官的聚集地之一，也于2014年整条街被拆除。总的来说，清代民居是中国传统民居建筑之集大成者，其在建筑技术上到达的高度，至今都是我们赞叹和自豪的。具体而言，清代民居有几个特点：

其一，以北京四合院为代表的合院式民居成为住宅建筑的主流，在建筑技术上也达到了顶峰。

其二，合院式民居与私家花园组合，达到了中国古典园林艺术的高峰。

其三，清代民居中大量应用民间工艺，是工艺美术的宝库。

①. 2014 年被拆的北京贾家胡同某宅
②. 2014 年被拆的陈明达故居——贾家胡同永州会馆

其四，清代是多民族共融的朝代，至今保存着大量有地域特色的兄弟民族民居。

其五，随着木材资源的日渐枯竭、人口剧增（明代人口达到 5000 万以上，清代乾隆首次过亿，清末达 4 亿）和西方列强的侵扰，清末民居面临着多方面的挑战。

其六，建筑"风水"之说在这个时期依然流行。成书于明代的《鲁班经》是中国古代阐述造屋的著作，谈风水之处颇多，甚至有施工中用来祈福消灾的一些貌似巫术的咒语，在清代依旧有很大的影响。

按至迟从战国末年起，"风水"之说开始对建筑住宅从选地布局到房屋朝向、尺寸等都产生影响，其中也不乏一些以"风水"面貌出现的合理因素，逐渐被当代学术界所认可。所谓风水学，又称"堪舆之学"，可以简要理解为"藏风聚水"之说：水动风生，风生水起。风是气流，吉利方位生气流通，有益健康，反之，则于健康有损。广而言之，建筑居于不同的自然环境之中，其使用功能又与社会环境息息相关，因而建筑之设计建造必须全面审视建筑与自然、建筑与社会整体的关系，以期社会和谐、天人合一。我国古文献中许多与风水学相关的话

晚清民居遗存——浙江慈溪陈布雷故居一进院落全景

语，如《周易·大壮卦》所谓："适形而止"，《黄帝宅经》所谓："宅者，人之本。人以宅为家，居若安即家代昌吉。若不安，即门族衰微"，《周礼·冬官》所谓："天下之势，两山之间必有川矣。大川之上必有途矣"等等，仔细分析起来，都蕴含着符合科学原理的先民智慧。直到上世纪70年代，人们对风水学仍报以偏见，旧版《辞海》就这样定义："风水，也叫堪舆。旧中国的一种迷信。认为住宅基地或坟地周围的风向水流等形势能招致住者或葬者一家的祸福。也指相宅、相墓之法"。当代建筑历史学人中，龙庆忠、王其亨等人都对阐发风水学所含精深奥义作出过精辟论述，纠正了《辞海》等的历史陈见。

　　明清时期，中国的官式建筑已开始呈现定制落伍的迹象，而在传统民居方面却似乎是集历代大成的时期。当然，进入晚清之后，传统民居也与官式建筑同样，面对西方现代文明在各个方面的挑战，需要有更深层次的自我更新。

回顾这个延绵数千年的民居建筑历程，尽管形式上千变万化，各时代对建筑的要求也不尽一致，但有一条原则是亘古不变的，即"厚生原则"。古罗马建筑学家维特鲁威《建筑十书》中提出"坚固、适用、美观"为建筑的三项基本原则。如果拿这个来自西方的"建筑三原则"来衡量中国古代的建筑，我们发现需要有所调整：即所有的要求均需强调要针对特定的时代、特定的自然环境和特定的对建筑美的追求而保持"适度"（大致相当于儒家所强调的"中庸"）——适度的设定坚固程度、适度的掌控适用范围、适度的追求美观。之所以如此，因为在我国古人心目中，建筑的根本目的在于"厚生"，而非片面强调永恒。这一点，表现在传统民居上尤其突出。

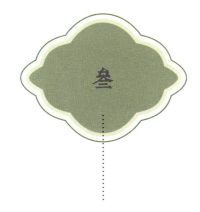

各地民居面面观

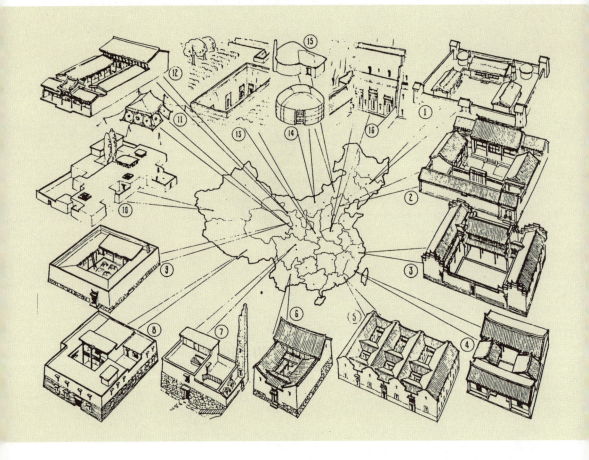

明末清初思想家王夫之在《姜斋诗话》中说："情景虽有在心在物之分，而景生情，情生景，哀乐之触，荣悴之迎，互藏其宅"。将这句话套用在传统民居上，大致可扼要说明这些建筑物与文化情感二者之血肉相连。

① 吉林民居
② 北京四合院
③ 浙江十三间头
④ 泉州民居
⑤ 梅县客家住宅
⑥ 云南一颗印
⑦ 茂汶羌族住宅
⑧ 拉萨藏族民居
⑨ 青海庄窠
⑩ 于阗维吾尔族阿的旺式民居
⑪ 甘肃藏族帐篷
⑫ 张掖民居
⑬ 西安平地式窑洞
⑭ 内蒙古蒙古包
⑮ 蒙古包式土房
⑯ 巩义靠崖窑洞

一

克己复礼

以北京四合院为典型的北方庭院类民居

由若干单体建筑向内合围出共有空间的庭院式民居,早在上古时期已见雏形。经过上千年的衍变、完善,庭院类民居又可分为合院式(又分为三合院式、四合院式两种)、天井式和三堂式三种类型。庭院类民居覆盖国土面积最广,居民最多,形成了中国古代最基本的城镇建筑面貌。此类看似简单的由庭院组成的寻常巷陌,暗含着生活舒适与社会秩序(礼)的制衡关系,满足了社会各个阶层对建筑的各色需求——以一个庭院为基本单元,可以组成云南"一颗印"式民居那样狭小的天井空间,可以组合成曲阜孔府那样的超大宅院,甚至可以扩大组合为最庞大的宫殿群——北京紫禁城,乃至民国以前的全北京城都可以说是由数不清的四合院所组成的。北京四合院式无疑是我国最具代表性的庭院式传统民居。

（一）漫话北京四合院的由来

欣赏北京的四合院，大致可以从街巷、院落等大的格局宏观把握其整体面貌，然后再由表及里、层层深入地品味单体建筑、建筑装饰及室内布置等细节巧妙的艺术处理，并由此来推测曾发生于斯的种种生活场景、历史画面。

北京的街巷自元代开始称为"胡同"，以临街各开院门、门面的方式淘汰了"里坊制"旧规。元代、明代的胡同分东西向与南北向两种，且以后者为主。清代北京城基本沿袭明朝北京城的格局，但裁撤了皇城的设置，将明代皇城内的大量内廷供奉机构改为民居，将内城的大量衙署、府第、仓库、草厂也改为民居，同时将内城改为八旗居住区，令汉人（包括高级官员）迁往外城居住，只有个别官员由皇帝御赐内城宅第（如雍正年间的文华殿大学士蒋廷锡），直

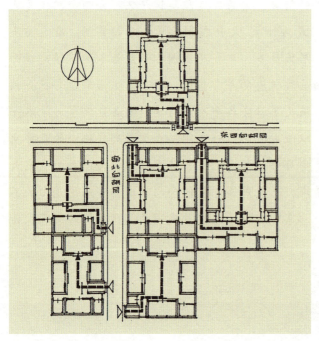

多进院并辟跨院的实例：朱启钤故居鸟瞰

到嘉庆、道光之后，这种歧视性规定才有所松动。

清代北京内城的胡同基本上是东西向胡同，居民住宅分布两侧，胡同宽约9米，与下一条胡同之间的净间距约60米。标准的三进四进的宅院一般正好是南北纵长60米左右，故往往一户住宅的正面大门在某胡同北侧，而其后罩房恰为下一条胡同的南面沿街。而宅院与宅院内的正房须坐北朝南，是北京自然环境的最佳选择。

按建筑风水的要求，北京四合院正房坐北朝南，但住宅入口的大门却不在南端居中，而是安排东南角上（八卦方位中的"巽方"）。由此，又出现另一问题——并不是每个宅院都纵长60米，也有一些元末明初的胡同是南北向的。因此，北京四合院中也存在一定数量大门坐南朝北、坐西向东和坐东向西的宅院，门楼分别居院落的西北角（八卦方位中的"乾方"）、东南角，但这些宅院大多由夹道引导，使得各进院落中的正房依旧保持坐北朝南方位，大门则调整到西北角。城墙以内以南北、东西主干道划分大区域，每个区域大体以整齐划一的四合院为基本单位，组成了城市主要居住区和商业街区。

这样，自高处俯视北京全城，我们就看到了这样一幅城市图景：街市整齐划一，大片的青砖灰瓦民居为主色调，皇家宫廷的金碧辉煌与景山、西苑三海、什刹海的绿水青山点缀其间，规整有序而细部处理又不失灵活变通，素雅与辉煌交映，气势恢宏而富于生活气息。这种城市面貌在世界范围内也是罕见的，故建筑学家梁思成先生称其为"无与伦比的杰作"。

（二）北京四合院之大格局

北京地区地处燕山山脉南坡、华北平原的北端，属地震较频繁地带，四季分明、城区地势平坦、全年降水量偏少，又集中于夏季。受此自然环境影响，对建筑的要求首先是尽可能冬暖夏凉和抗震性能良好。因此,北京四合院的单体建筑多采用抗震性能较好的木结构抬梁式屋架,外墙为非承重的青砖围墙,房屋主要多为板瓦硬山式屋顶(一些次要房屋也可以采用青灰平顶形式),再由若干这种素称"墙倒屋不塌"的木结构青砖瓦房合围成庭院。

这种四合院建筑,屋顶瓦面较厚实,向外一侧的青砖围墙较厚重且开窗较小或干脆不设窗户,易于冬季保暖与夏季隔热;面向庭院的墙面,则可按需要布置较大面积的窗户以保障室内采光,或墙体后退留出檐廊空间。四合院的院落格局基本上是按南北中轴线对称布置房屋,组合出"四围一院落"的布局单元,自南向北可形成单进、二进、三进及三进以上的多进院落。在此基础上,各阶层人家按实际需要、财力大小以及不同社会地位的建筑等级要求,做出适宜的选择。

北京四合院以中等人家乐于选用的坐南朝北的三进四合院为标准。大门西侧为倒座房。入门楼后,迎面为影壁,指引向西至前院。前院居中位置为二门,大多采用垂花门形式。所谓"垂花门",因外檐柱纯粹装饰性的悬空垂吊在屋檐下,称为垂柱,其下有一垂珠,通常彩绘为花瓣的形式,故被称为垂花门。垂花门以内为中院,北端为正厅,东西两侧为厢房。穿过正厅,为下一进院落,居中为正房,同样布置东西厢房。正房之北,为以狭长院落,北端为全院的尽头,设以长排房屋,称后罩房。每进院落四周以抄手游廊及穿山游廊,将各个单体建筑串联一体。

人口较少或财力有限的人家选择较小的单进、二进院落,建筑装饰和室内布置也尽量节俭;家境殷实者则会适当选择较大院落,装修也较为讲究;而达官显贵们则不仅可选择多进院落,更可由中轴线向东西两侧开辟跨院,安排私家花园。

一般来说,北京的四合院以显贵、高官、富商的宅第为华丽甚至奢华,而普通人家则清贫寒酸,但这不一定就是衡量一处宅第是否美的标准。时有一些

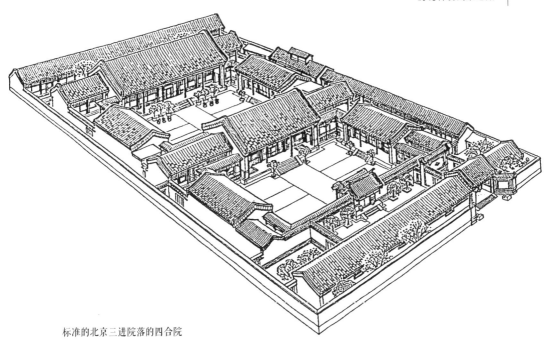

标准的北京三进院落的四合院

富商营建宅第挥金如土,但装修、陈述却难免庸俗不堪;一些小门小户,财力有限,却照样别致高雅。

民国初年,梁思成、林徽因夫妇栖身一套并不华贵的二进院落,装饰质朴、陈设简洁,独以书香四溢享誉学界,是公认的雅居,至今提起当年"谈笑有鸿儒"的"太太的客厅",犹令人神往。有些原本独门独院的大中型私家宅第,却往往因生计等问题而沦为多家杂处的"大杂院"。如宣武门外贾家胡同42号,曾是乾隆时期军机大臣陈大受之官邸,后一度改为同乡联谊之永州会馆(略似今之某地驻京办事处),而在抗战时期,陈氏后人为求生计而将大部分房间外租他人,遂成近20余户人家相互帮衬、共渡难关的小型难民营,危难之际愈见"远亲不如近邻"之患难真情。

①. 北京四合院花罩
②. 室内透视图

（三）北京四合院的细微之处

  北京四合院的大门均为面阔一间的门楼，按等级规制，有广亮大门、金柱大门、蛮子门和如意门四种，分别对应三品以上高官、一般官员和普通市民。前二者体量上要明显高大于两侧的倒座房，是名副其实的"高门大户"；后二者显得局促许多，但体量最小的如意门也不妨以门楣、墀头等处精美的砖雕展示出工匠的高超技艺与户主的生活情趣。
  一旦进入庭院范围以内，也无处不见不同户主的不同选择。同样是正房屋脊、门楼、墀头、戗檐、影壁，可施以或简或繁的砖雕，也无妨是清水墙面的朴素。

门楼设各式门墩（门砧石，南方以"抱鼓石居多"），其外形主要分箱形和抱鼓形两种，根据建筑等级和主人的喜好，可雕刻瑞兽、草木、几何图案等；檐廊梁枋等部位可选红、黑、绿色油漆罩面，或施以掐箍头式彩画；槅扇门、支摘窗等选择卍字纹、回字纹等花式棂格等，而最节俭者可以选至为简单的方格。而房屋向内合围出的庭院是较为宽阔舒朗的公共空间，可在此栽花植木、陈设盆景，构成舒适安静的人居环境。因北京地区建筑等级森严，一般人家不用斗栱，檐柱的柱础也较朴素以避嫌，但阑额、雀替等构件花样繁多。

进入室内，因北京冬季寒冷，室内多设火炕取暖。当年研究《红楼梦》的学者们曾根据这一现象，判断所谓荣宁二府在北京而非南京。室内按需要以槅扇、博古架和各种花罩分隔生活区域，如《红楼梦》中提到的碧纱橱，即是一种做工考究的床罩，但不是大床的帐架，而是划分出一个小空间的卧室，故碧纱橱内是林黛玉案榻，碧纱橱外可加床供贾宝玉休憩。

（四）北京各个阶层的四合院

就是在这样的居住环境中，以往的北京人大致这样安排生活：按长幼尊卑次序，一般院落正房面阔三间（可两侧增设耳房），一明两暗，中间为客厅，为全家活动、待客中心，两侧套间供户主或长辈起居，东西厢房是晚辈用房，与大门一线的倒座房供待客、书塾、账房、门房和杂用间之用，一般用作佣人居住，或为库房、杂间。第三进正房之中堂为家族聚会、议事的公共空间，重大节日这里会设香案，摆放祖先排位或悬挂先祖画像（北京旧俗称"影像"）。

二品以上高官的大型住宅则会在东跨院单辟家庙。入二门（垂花门）后的正房明间为客厅，接待重要客人。晚辈或来访亲友在厢房起居。男女仆役、厨房、仓房等安排在后罩房等次要房间，毗邻门楼的倒座房接待一般客人，或安排私

①.北京四合院之垂花门
②.北京四合院四种门楼—广亮大门、金柱大门、蛮子门和如意门

塾教育。主要庭院经过适当绿化，可夏季纳凉、冬季沐浴阳光，又在游廊悬挂鸟笼，在庭院中部摆设盆景、湖石、鱼缸等，为生活平添乐趣。而那些在跨院或后院另辟私家花园者，更是在不大的空间内理水、叠石，形成都市中的人造山水景观。

清代的北京另有一些规模远超上述规制的超大型住宅，即皇族王公宅院，一般泛称"王府建筑"。王府建筑又按亲王、郡王、贝勒、贝子等分级，公主下嫁也大致有相当于亲王或郡王等级的御赐宅第。现存王府15座，多已被改造，保存完整者寥寥。

这些宅第在府门、正殿、后殿、寝宫、翼楼等的开间数，台基的高度，甚至用瓦、脊兽等，都有严格的规定，按爵位逐级递减。如亲王府正门五间，正殿七间，殿内设屏风和宝座；两侧翼楼各九间，神殿七间，后楼七间，正门殿寝均覆盖绿琉璃瓦并可使用斗栱；正殿正脊安吻兽、垂脊走兽七种；门钉九纵七横63枚等。至贝勒府，则正门减至三间，其余各项也均有简略。

北京现存王府建筑中，以位于前海西街的恭亲王府最具代表性，是表现古都风貌的重要景点。另有位于张自忠路的和敬公主府（亲王级别）和位于后海北岸的醇亲王府（今卫生部与宋庆龄故居）等，也很有代表性。

恭王府原为清乾隆时期权贵和珅的私宅，因其过度奢华和逾制而在其犯案下台后被查抄，后相继归属于庆亲王永璘、恭亲王奕䜣。此宅第分东中西三路，中路有府门、正殿、配殿、嘉乐堂等；东路有多福轩、乐道堂等；西路有葆光室、锡晋斋等。三路在北端直抵东西通长160余米的后罩楼（俗称"九十九间半"）。后罩楼之北，是著名的恭王府花园——萃锦园，园内有假山、湖池、岛屿、厅堂、戏楼，是典型的北方私家园林之一，曾被一些人认为是《红楼梦》大观园的原型，但也有人认为恰恰相反，是《红楼梦》问世之后的仿效大观园之作。从总平面格局上看，恭王府东中西三路建筑，实际上仍是多进四合院的并列组合，再加上一个占地达38亩的后花园，集中了北京四合院的各种要素，是四合院式民居各种优点的集中体现。

相比王府建筑的极尽豪华，汉族官员即使恩准在内城建宅第，也尽量节俭避嫌，而满族居民也不尽然是高门大户。但无论门第高低，北京内城的满汉族旧院落大多量力而行，对各自的住宅在格局上尽可能做舒适的安排，并按各自的审美趣味选择各式各样的装饰。往往高门大户的门楼体量大而少雕饰，中小型门户反以雕饰花样繁多见长。

今日的北京，原内城范围内（原东城、西城二区）现存完整的四合院还有相当数量，但完整保留下的街区已数量有限。今什刹海周边至鼓楼一带开辟有多条传统街区，如南北锣鼓巷等。而原北京外城（原宣武、崇文二区）也有一些遗存，其中除西城区虎坊桥一带的汉族高官旧邸外，大多建筑品质较内城低劣一些。此外，晚清民国以来的一些文化名人故居，如鲁迅故居、齐白石故居、

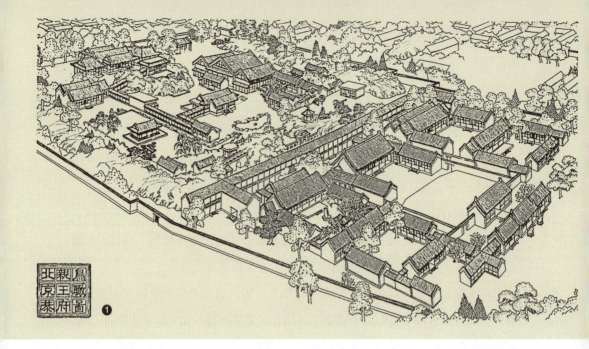

①. 北京恭王府鸟瞰图
②. 北京东四街区某胡同
③. 北京胡同中富裕人家常用的门楼墀头砖雕
④. 北京胡同中民国初期居民自创的门砧石样式
⑤. 北京胡同中不过分装饰的大户人家

茅盾故居等,也是保留较好的四合院实例。另有朱启钤故居等,则亟待加强保护。

（五）北京四合院的同宗弟兄

北京周边地区如保定、承德、张家口、天津旧城等,受北京影响较大,也有一些类似北京四合院的民居。天津杨柳青石家大院被视为京外四合院的典范,但这座始建于清道光三年（1823年）的北方宅院,似乎复原工程有失当之嫌。

属于同一类型的北方庭院式民居实例还可列举：

晋中民居

因山西太原、平遥、祁县、太谷等地从事商贸的晋商善于经营,资金充足,故在家乡营建大量宅第,其中不乏佳作。

此地区的宅院,格局类似北京四合院而院落较为狭长；正房往往为两层楼,楼下生活起居而楼上为储物间；建筑雕饰精美华贵,因远离京畿,建筑等级的要求相对宽松,故在京城只有亲王府邸才使用的斗栱,在这里却很常见。这也说明,对于建筑物中斗栱的使用,原本制度并无严格苛求,只是身居京城的大小官员为避嫌而过于谨小慎微。受地理环境影响,此地的建筑结构大多为抬梁式木构架,但平遥一带往往会在宅院中采用一座砖砌窑洞为主要住房。晋中庭院式民居的代表作有祁县乔家大院、灵石王家大院等。

晋东南上党民居

今山西晋城、长治地区旧称上党,至今尚存数量可观的唐宋时期中小型佛

山西民间工匠的琴棋书画

寺建筑，如长治平顺县源头村龙门寺、潞城市原起寺等，可见其文化之源远流长。在民居方面，此地乡镇流行一种俗称"四大八小"的四合院，布局较北京四合院更为简洁实用，建筑雕饰手法娴熟而颇具民俗性，亦不失其生动活泼。比如，以琴棋书画为题材的雀替木雕，在一些地方的民间匠人手中，"棋"不是围棋而是象棋，"书"也不是书法，而是书籍，虽有望文生义之嫌，但其刀法之精湛与画面之华美是无可置疑的。

陕西关中民居

　　陕西渭河两岸世称"八百里秦川"，其南端为秦岭，北部为黄土高原，是冬季寒冷、夏季炎热的半干旱盆地，自西周镐京至唐长安，历来为我国文化政治中心，有悠久的文化传承。

　　这里的文化氛围与北京地区很相像，故适合传统伦理秩序的四合院式宅院在这里也同样盛行。又受到此地的气候环境影响，冬季取暖、夏季防晒就成为这里居民的首要要求，加之耕地资源少而人口众多，关中民居虽沿用四合院布局，但庭院更为狭长，通常是正房三间无耳房，两侧厢房向内收缩，形成长约

山西祁县乔家大院

10米,宽度不足3米的狭窄庭院。居民常以正房为客厅和供祖先灵位的祖堂,而以厢房为居室。

关中四合院式宅院虽采光不足,但夏季庭院常处于阴影之下,便于纳凉。宅院的正房与厢房又常将屋脊与山墙相连,装饰较晋中大宅院为简单,但颇具朴拙浑厚之古风;其厢房屋顶为向内的一面坡式,便于下雨的时候向院内排水,以大号的瓦缸存水,有些偏远乡村甚至会设水窖。关中民居多高墙、窄院,外貌雷同而略显单调,但组合为村落、街区,则有如秦始皇陵兵马俑之气势宏大。

此外,位于河南黄河以北的安阳马氏庄园,布局严谨、错落有致、古朴典雅、雄浑庄重,而蓝砖灰瓦五脊六兽等装饰富丽堂皇,既有典型的北京四合院宽敞明亮的建筑风格,又有晋商大院深邃富丽的建筑艺术,也说明四合院式民居在中原地区亦不乏佳作。

吉林省乌拉镇至今留有多处满族四合院遗存,其院落朝向为坐西朝东,既有汉文化的浸染,又有满族未入关的原文化痕迹;甘肃、宁夏等地的四合院则

①. 韩城党家村鸟瞰
②. 安阳马氏庄园
③. 甘肃临夏马宅

带有回族文化与汉族文化博采相融的特色，均值得我们珍视。

以北京四合院为代表的中国北方庭院式民居，定型于中国由农耕社会向近代自由经济社会过渡的明中叶以后，却以建筑格局维系着数千年传承有序的中国文化理念。其重视"仁义礼智信"之社会伦理信条，追求家庭和睦、社会和谐以及人与自然相互依存的文化精神，至今仍对现代文明具有某种启示。

子曰："克己复礼为仁"。北京四合院以建筑的方式尽量安排一种舒适的人居环境，但也时时提醒居住者约束自己的行为，以期达到家庭成员之间、邻里之间的和睦相处。

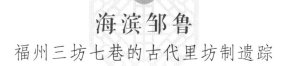

二
海滨邹鲁
福州三坊七巷的古代里坊制遗踪

　　北京自元代开始，布局较为灵活的"胡同"取代"里坊制"旧规。其实不止北京，"里坊制"最迟于明清时代已在全国范围基本绝迹。今天，如果有谁还想看到这种盛行于汉唐的城市居民区旧观，则应感谢福州为我们保留下了"里坊制"孑遗——三坊七巷。三坊七巷另一值得重视之处在于：相比北京旧街区众多名人故居屡遭损毁，这里却更早注意到历史文化名人为建筑景观所保留下的文化底蕴。

（一）历史悠久、名人荟萃的三坊七巷

福州依山面海，地处福建东部、闽江下游沿岸，别称榕城、三山、左海、闽都，拥有悠久的历史，独特的地方文化，同时又是近代中国最早开放的五个通商口岸之一，至今为中国东部沿海最具综合发展前景的城市之一。

福州城始建于汉代。司马迁《史记·东越列传》："汉五年，（前202年），复立无诸为闽越王，王闽中故地，都东冶"。文中所谓"东冶"，即通常所说"冶城"，其旧址在福州古城东北隅（今鼓楼区鼓屏路屏山、冶山一带）。后晋太康三年(282年)，设立晋安郡，唐开元十三年(725年)改闽州为福州都督府，福州之名沿用至今。自汉代建城，福州就是军事重镇与工商重镇，尤其涉及海洋交通。宋代以来，朱熹曾多年客居宦游于福建，遂致闽学兴起。南宋名臣、词人辛弃疾曾督率福建，赴任前曾拜访其挚友朱熹，朱熹以"临民以宽，待士以礼，御吏以严"十二字相赠。从那时起，福州文运之盛甲于南国，尤以缜密雄辩的说理与壮怀激烈的爱国热忱为甚，一扫文人士大夫之文弱世风，以致明末清初之际，福州有"海滨邹鲁"之称。

因鸦片战争的失利，1840~1844年间清政府相继与英美签订《中英南京条约》《中美望厦条约》，福州被辟为首批对外开放的通商口岸之一（史称"五口通商"，另四个口岸为广州、厦门、宁波、上海）。这本是西方列强掠夺中国的产物，但另一方面也促使了中国有识之士自我更新意识的滋生，促进了中国近代化进程。福州无疑是这场洋务运动的重镇之一，至今犹存马尾船政、清代海岸防御工事等珍稀的近现代文化遗产。客居福州的晚清革新派名臣左宗棠于1866年（清同治五年）选择福州东郊之马尾小镇为创办福建船政的基地。不久之后，福州本地人沈葆桢继任船政大臣，将左宗棠的擘画持续下来。此后，马尾小镇以建船厂、造兵舰、制飞机、办学堂、引人才、派学童出洋留学等一

①.马尾船政船厂旧影
②.马尾船政遗址全景
③.马尾造船厂车间内景
④.船政所造远东最大的木质巡洋舰——扬武号

系列"富国强兵"举措震惊当世、泽惠未来。福州马尾福建船政虽然只持续了四十余年,却展现了近代中国曾风光一时的丰硕成果:系统引进了西方先进的工业制造技术与管理理念,推动了中国造船、电灯、电信、铁路交通等近代工业的诞生与发展,培养和造就了一批近代中国军事、文化、科技、外交、经济等各个领域的精英。

马尾船政使得福州人开阔了视野,这一点屡屡也在民居建筑上有所表现——传统院落每每可见西式装修、西式陈设的踪迹。

纵观中国近代一些重要历史事件,如虎门销烟、洋务运动、戊戌变法、五四运动、"一二·九"运动、卢沟桥事变等,屡有三坊七巷人物(或出生于斯,或客居、定居于斯者)参与,其中最为世人熟知者可列举十四人:甘国宝——传奇爱国将领,林则徐——中国近代"睁眼看世界之第一人",左宗棠——近代洋务运动之先驱、国家疆域的捍卫者,沈葆桢——中国船政之父,陈宝琛——晚节彪炳的前清太傅,曾宗彦——中国"近代陆军之父",严复——中国近代思想启蒙先驱之一,刘冠雄——中国现代海军奠基人之一,林旭——"戊戌六君子"之一,林长民——五四运动发起者之一,陈季良——"如此无畏,中国必胜"的国民海军名宿,林觉民——黄花岗七十二烈士之一,王冷斋——远东国际军事法庭的王牌证人,冰心——中国现代儿童文学之母。

"谁知五柳孤松客,却住三坊七巷间"。历史渊源如此,不难理解之"三坊七巷"何以在全国众多历史名街区中尤以名人荟萃闻名天下了。

晚清福州街市鸟瞰

①.衣锦巷水榭戏
②.文儒巷陈继良故居
③.光禄坊街景旧影

（二）作为"里坊制"孑遗的三坊七巷

中国十大历史文化名街之一的三坊七巷处福州市中心，总占地面积38.35公顷，基本保留了唐宋的坊巷格局，保存较好的明清古建筑计159座，被誉为"明清建筑博物馆""城市里坊制度的活化石"。

今所谓"三坊七巷"，是福州市中心区域之鼓楼区南后街两旁从北到南依次排列的十条坊巷的简称。它向西三片称"坊"，向东七条称"巷"，自北而南依次为："三坊"之衣锦坊、文儒坊、光禄坊；"七巷"之杨桥巷、郎官巷、安民巷、黄巷、塔巷、宫巷、吉庇巷。其整体格局之完美，正如陈汉章先生所言："三条长坊、七条小巷，在鼓楼南后街通衢的主茎上，像对生或互生的叶脉一般有序地展开，形成玲珑四达的坊巷阡陌。从高处看下去，宛如一片图腾般的菩提树叶，默默地挂在能感觉到生命呼吸的古城的前襟。"

福州城始建于汉代，城内三坊七巷始建于唐。唐开元十三年(725年)改闽州为福州都督府，福州之名沿用至今。也正是在唐代，今之三坊七巷一带大兴土木。至宋，三坊七巷基本定型。宋淳熙九年（1182年）郡守梁克家编撰的《三山志·罗城坊巷》就明确列述了三坊七巷中的三坊六巷。至明清，三坊七巷街区内坊巷纵横，石板铺地，白墙瓦屋，曲线山墙，布局严谨，匠艺奇巧，不少还缀以亭、台、楼、阁、花草、假山，融人文、自然景观于一体。

无论在什么时代，每个城市都会有经济实力、文化品位不同的生活社区，所谓"物以类聚、人以群分"。譬如明清的北京内城——皇城一带以达官贵人居多，而前门、崇文门以外多集中商户；清代的湖南长沙城以巡抚衙门——府学一带的四堆子最为环境清幽；民国时期的上海以霞飞路为高档商业区，而霞飞路至静安寺一带的法租界则集中了若干高档住宅区。福州的三坊七巷，自古以来即为福州城内的高档社区。

生活在三坊七巷的人家，大多为文化程度较高的家庭，主要成员或在外为官，或经营实业。在旧时社会地位不高的商人也尽力标榜自己为儒商，鼓励子女走读书进学的"正途"，而福州的贫寒人家一旦发迹，则以能在这里购置宅院为荣。因此，这里的居民无论在此定居之前是什么样的背景，一旦落户则竞相以"书香门第""名门世家"自诩。与此相应，各家各户大致有相似的生活场景：无论几进院落，最好的厅堂必定是留给长者和先祖牌位的；即使院落不够宽敞，也要设法腾出空间叠山理水，为户主人吟风咏月预留一角自然天地；无论家中幼童多少，门楼以内总要留有家庭教师生活起居的处所和教学之地，俨然有上古"门塾"之观。因此，旧时的三坊七巷最不缺乏的就是书声琅琅，真无愧"海滨邹鲁"之誉。

相比三坊七巷，福州周边地带多山地，经济状况相对贫瘠，故普通民居大多简陋：或规模上大幅度缩小，或建筑装饰上尽可能节俭，甚至全屋装饰。但建筑院落格局方面，也还依稀可辨其与三坊七巷有共同的来自中原文化三堂式民居的师承。

①. 杨桥巷冰心故居
②. 郎官巷严复故居
③. 塔巷街景

（三）三坊七巷之大格局

　　三坊七巷中，南后街有如树干，三坊七巷如枝叶向左右伸展。故谈三坊七巷，须从南后街谈起。

　　南后街是一条南北向（略偏西）的长街，全长约1公里，为"三坊七巷"之中轴。自三坊七巷兴起至民国期间的千余年间，南后街一直都是福州城内商贾云集的主要商业街。这里"粉墙黛瓦石板路"，两旁铺面鳞次栉比，日常生活所需三十六店一应俱全，更有刻书坊、旧书摊、裱褙店等文人必备。逢元宵、中秋两节，则大型灯市以为传统习俗。清末举人王国瑞曾赋诗："正阳门外琉璃厂，衣锦坊前南后街。客里偷闲书市去，见多未见足开怀。"将南后街比为北京正阳门外琉璃厂，相当形象地再现了这里的往昔风貌。

　　衣锦坊位于南后街路西之北隅，为三坊中的第一坊，旧名通潮巷。"衣锦"

①. 黄巷之小黄楼
②. 宫巷街景
③. 吉庇巷街前沟渠旧影

寓意坊内多有人出仕为官，之后衣锦还乡、荣归故里。坊名又称"通潮"，因为此地为水网地区，毗邻福州之西湖、南湖，潮水可通达巷内沟渠。

衣锦坊现存明清古建筑二十余处，其中以清嘉庆进士郑鹏程宅之水榭戏台、清乾隆十五年（1740年）欧阳氏宅第之花厅、旧门牌41号之小洋楼等最著声誉。郑鹏程宅的水榭戏台是一个木构单层平台，四柱单开间，下建清水池塘，中隔天井，正面为阁楼。于此观看戏剧演出，水清、风清、音清，具有声学原理和美学价值，为福州市唯一现存的水榭戏台。

文儒坊在南后街路西侧居中，是为第二坊。文儒坊之名始于宋代。据《榕城考古略》载，此巷"初名儒林，以宋祭酒郑穆居此，改今名"。在文儒坊里有一条幽深清静的小巷，叫闽山巷，俗称"三官堂"，因该巷在古代建有三官堂而闻名。文儒坊名人故居有：明代抗倭名将张经故居，清代名将福建提督、台湾总兵甘国宝故居，清代饮誉全国的"六子科甲"之家（五代人中有六人进士）陈承裘故居（陈承裘长子即清宣统皇帝老师陈宝琛），民国海军名将陈季良故居等。其中陈承裘故居的小木作花饰、甘国宝旧居天井、陈季良故居的西式改造等，最具福州特色。

光禄坊在南后街路西侧之南区，为第三坊。光禄坊原名玉尺山，又名闽山，是福州"三山藏"之一。历史上，光禄坊内有一座法祥院，俗称"闽山保福寺"（在今光禄坊公园内）。光禄坊是名人聚居之区。如明代画家林有台、提学孙昌裔等，清代著有《来斋选古考》的古学家林侗及其兄弟林佶（诗人、书法家），近代小说翻译家林纾，著名作家郁达夫等，都曾居住于此。另有才女黄淑窕、黄淑畹、齐祥棣、郭拾珠姐妹等，或精书画，或工诗文，为此地平添一段佳话。光禄坊名胜以光禄吟台最为有名，擅池、台、亭、石、花、木之胜，以及宋至清摩崖题刻多处。还有清代大木构造、宽敞明亮的刘家大院，明末古朴木构房的黄任故居，高墙窄道的早题巷，明代石板铺设的老佛亭桥，都保存了明清建筑的特色。

杨桥巷是七巷中最北面的一条巷，古名登俊坊，因西能通杨桥而改名。民国时因城市建设需要，被扩建为马路，更名"杨桥路"。位于杨桥路与南后街交叉处的林姓大宅，是林觉民烈士生前的住处，后变卖给作家冰心的祖父谢銮恩。冰心小时候在这里居住过，《我的故乡》中亦对故居有生动的描述。巷道扩大为道路后，林觉民烈士和女作家冰心的故居，有相当部分被保存下来。

郎官巷在杨桥巷南，南后街的东侧，为七巷中的第二巷，其东头通福州市内闹市区八一七北路东街口。郎官巷也是宋代就有的坊埠。据清《榕城考古略》载：宋刘涛居此，子孙数世皆为郎官，故名郎官巷。宋代诗人陈烈原籍长乐，迁居福州时也住在郎官巷。中国近代启蒙思想家、翻译家严复的故居也坐落在巷内。郎官巷西头巷口立有牌坊，坊柱上有副对联："译著辉煌，今日犹传严复宅；门庭鼎盛，后人远溯刘涛居。"郎官巷另有清道光进士林星章故居二梅书屋，为福州民居中的上佳之作，而巷内天后宫（供奉妈祖）尤显地域文化特征。

塔巷在南后街的东侧，郎官巷之南，为七巷中的第三巷，东口至八一七北路。据《榕城考古略》载："旧名修文，宋知县陈肃改名兴文，后改文兴。今呼塔巷，以闽国时建育王塔院于此也。"此塔位于巷北，并有塔院看管，被视为福州文运兴盛的象征。南宋淳熙九年（1182年）塔还在，以后未见记载。清代在巷内砌造半片的小塔，作为古迹纪念。上世纪50年代，小塔移置巷口坊门之上。塔巷旧有旌孝坊,为明代孝子高惟一立,流传有一首赞誉他诗曰:"三年流水如君少,一片天然孝子心。昨夜三山明月照,不知甘露洒幽人。"至今仍传为美谈。

塔巷巷道一侧现遗存《乡约碑》一通:"坊墙之内,不得私行开门,并奉祀神佛,搭盖遮蔽,寄顿物件,以防疏虞。三社官街,禁排列木料等物。光绪辛巳年文儒坊公约。"这或可视为较早的"市民文明公约"。

黄巷在南后街的东侧,塔巷之南,为七巷中的第四巷,西口隔南后街而与衣锦坊相望。据闽志载,晋永嘉二年间(308 年)固始人黄元方避乱入闽,落户于福州南后街,故称黄巷。到了唐朝末年,崇文官校书郎黄璞退隐归居这里。黄巢军入福州,因闻黄璞的大名,命令兵士夜过黄巷"灭烛而过",勿扰其家,从此黄巷名声大振。巷内历代多住儒林学士人文荟萃,成为文化名人和社会名流的聚居地。清代知府林文英,榜眼林枝春,巡抚李馥,楹联大师梁章钜,进士陈寿祺、赵新等,都曾居巷内。

安民巷在南后街的东侧,位于黄巷之南,为七巷中的第五巷,西口隔南后街与文儒坊相对。安民巷旧名"锡类坊",后改名"安民",与黄巢入闽有关。据《福州地方志》载:"因唐代农民起义军黄巢入闽时,到此巷即出示安民,故名。"历史上巷内人家多为社会贤达。巷西侧民居旧宅仍保留匀称格局和古朴风韵。抗日战争时期,新四军驻闽办事处设在其间。今此老宅被列为革命文物保护单位。

宫巷在南后街的东侧,居安民巷之南,为"七巷"中的第六巷,东西两端分别与一八一七北路和南后街相接。在三坊七巷中,此巷保持明清建筑最多也最完整。巷内多处宅第结构精巧,单是室内的木雕石刻构件就令人叹为观止。如漏花窗户采用镂空精雕,榫接而成,而且通过木格骨骼的各种精心编排构成了丰富的图案装饰。在木穿斗、插斗、童柱、月梁等部件上常饰以重点雕刻。各种精巧生动的石刻在柱础、台阶、门框、花座、柱杆上随处可见,可以说是福州古建筑艺术集大成者。

①. 三坊七巷之典型院落——林聪彝宅
②. 三坊七巷之穿斗式梁架
③. 三坊七巷中林聪彝宅的庭园布置

　　吉庇巷俗称"吉避巷"，在南后街的东侧，居宫巷之南，为七巷中的第七巷。宋郑性之中状元衣锦还乡时，巷中居民因凌辱过他而赶紧回避，遂称"急避巷"。明代以谐音改名为"吉庇巷"，取吉祥如意。改革开放后，吉庇巷成为一条沟通东西方向的主干道，一度更名为"吉庇路"。2009年福州市将其复名为"吉庇巷"，并开始对北侧的破损古建筑进行改造。

（四）艺术气息分外浓郁的三坊七巷

　　福州三坊七巷的民居建筑街区保留了明代以前可上溯唐宋的古代"里坊制"

①. 三坊七巷之瓦当滴水
②. 三坊七巷之木构架雕饰
③. 郎官巷二梅书屋后庭
④. 郎官巷二梅书屋梁枋雕饰

大格局，而在具体的宅院、单体建筑、园林配置等方面又注重实用，顺应自然环境，充分利用土木构件和空间进行装饰美化，从宽窄的坊巷街道、深幽的环境到高低不一的门墙、深浅的院落，以至室内外精雕细琢的装修等，处处蕴含着福州历史文化的内涵和韵味，独具福州地方风格，是一处实实在在、看得见、摸得着的古代建筑文化，在中国古代民居建筑艺术宝库中占有十分重要的地位。

宽敞通透的空间格局

三坊七巷中的各个宅院在建筑类型上多属于庭院类三堂式。从建筑空间的处理来看,三坊七巷具体到各个宅第,基本上都有一个中轴线,线上布置二进或三进庭院和主要厅堂。这种布局与北方的四合院相似,但单体建筑往往比北方的厅堂更为高、大、宽,与其他廊、榭等建筑形成高低错落,活泼而又极富变化的空间格局。厅堂一般是敞开式的,与庭院融为一体。

穿斗屋架

宅第有深宅大院与一般宅院的规模大小之别,建筑结构自然也有繁简之分,但无论繁简,均为穿斗式木构架。住宅之外的建筑,有用于宗族活动的祠堂、有用于公共活动的馆舍、有用于生产活动的作坊以及公共娱乐坊所等,也都采用穿斗式构架为大木结构,而无北方宫殿式建筑的抬梁式构架,似北方民居之硬山式而有所区别。这种营造手法的差异,似乎源自地方传统,也源自地理、气候等因素。

中国传统木结构建筑的构架主要有抬梁式与穿斗式二种。抬梁式多流行于北方民居或用料比较大的官式建筑,而长江以南多雨山地则更流行选料不很严苛的穿斗式,往往不粗壮的木料可以建造品质上佳的穿斗式民居建筑。三坊七巷建筑以穿斗屋架为主,但因有财力保障,木材选料也很讲究,一些住宅的屋架建有穿斗、抬梁式特点,也被一些学者称为"插梁式屋架"。

精巧的园林景观

这里的宅第,无论占地大小,一般都有从属的亭、台、楼、榭,和池沼、桥梁、

①. 陈季良故居的西式改造之旋转扶梯
②. 陈季良故居的西式改造之玻璃窗

山石等,在有限的空间内,留有一角自然山水的天地,形成后庭花园或花厅鱼池。与苏州留园、网师园,或北京恭王府等相比,这里最大的花园也小于那边最小的花园,但其可贵之处,也正在于此。昔时治印家有"方寸之间天地宽"之说,三坊七巷宅第的庭园布置,也深谙此道。

位于宫巷 24 号之宅院,始建于明代,曾为南明大理寺衙门,占地面积近 3000 平方米,后为林则徐三子林聪彝宅,外界视其为明清豪宅,但身临其境,却发现其简繁得当,趣味高雅,称"雅居"更恰当。此宅居坐北朝南,主座四进,东侧为庭园,主体建筑组群布局灵活,东南西北四面都有封火山墙,墙面顶上有精美的泥塑雕像,木构架斗栱、雀替、悬钟等雕刻精细。东面庭园亭台楼阁、假山覆洞、古榕垂荫。在福州,此庭园为巨制,但比较苏州、扬州等地的私家园林,则并不过分,其假山、鱼池、榕树、花坛、亭台楼阁等,体量适度,布局舒展,毋宁说是以雅趣见长。

精益求精的装饰细节

三坊七巷民宅沿袭唐末分段筑墙传统，都有高、厚砖或土筑的围墙。墙体随着木屋架的起伏做流线型，翘角伸出宅外，状似马鞍，俗称马鞍墙。墙只作外围，承重全在于柱。围墙一般是两侧对称，墙头和翘角皆泥塑彩绘，形成了福州古代民居独特的墙头风貌，甚至瓦当滴水都有线条流畅优美的吉祥花卉纹样，如严复故居等。而梁枋、窗棂等木雕之华美，也为国内罕见。

三坊七巷郎官巷之二梅书屋始建于明末，晚清曾大修，迄今已有三百多年历史。此宅在晚清为凤池书院（福州一中前身）山长林星章住宅，因东座书斋名"二梅书屋"，后人以此代称全宅。全宅院坐南朝北，东、中、西三座毗连，是福州一座保存较好的明清五进大院民居（此地的"东西座"大致相当于北方四合院之跨院）。其各主落门、窗、壁板等皆由名贵的楠木作精心雕饰，进与进之间均用高墙分隔，以假山雪洞为通道，相对独立的院落布置山石花卉为一角园林。其格局之紧凑合理、张弛有度等自然值得称道，而其窗棂、槅扇、梁枋各处之木雕，以吉祥花卉为主题，布局疏朗优美，避免了一些商贾人家同类题材雕饰过于繁复流俗的弊病，更见主人情趣之高雅。

西风东渐

随着近现代的门户开放，三坊七巷许多人家开始在自家宅院之内引进西洋建筑文化元素。无论首倡启蒙的严复，还是前清太傅陈宝琛，都不难在其庭院中看到这种时代痕迹。值得称道的是，小到家具陈设、建筑细部装饰，大到中式院落中增建的西式小楼，均有细致的权衡，而不因舶来品的引进而妨碍原有意境。其经验在于：合适的建筑尺度质控与对引进物的理解与消化。时至今日，如衣锦坊41号之跳舞楼、文儒坊之陈季良宅小洋楼、宫巷刘冠雄宅等已成为见证"西风东渐"历史进程的重要建筑文化遗产。

以陈季良宅为例。此宅原为传统宅院,后在院内加建了砖木结构小楼,建筑样式偏于西式,尤其是楼梯栏杆、窗棂等,纯用西式,并较早引进西式的彩色玻璃。此楼近年的修葺措施或有失当之处,但西式栏杆、彩色玻璃等却保留下来了,实为幸事。而衣锦坊41号宅院内现存一座仿欧洲哥特式的小洋楼,相传民国初年这里的主人因有留学背景,而在楼中专设家庭舞会之舞厅,被友人称为"跳舞楼",可见当时"西风东渐"的影响已由建筑样式渗透之个人生活方式乃至社会风气。

三

可观可赏
以园林景观闻名遐迩的苏州民居

　　早在上世纪 30 年代，我国著名建筑史家童寯先生就曾在其名著《江南园林志》中很形象地用繁体字"園"来概括江南私园的三个构成要素——围墙、屋宇和山水花木："園"字之大"囗"指园林围墙划定范围，点明系人造景观而非纯自然性质；"園"字中的"土"似屋宇平面，指明园林为可居之地；"園"字中的小"口"为园中水池，系构成此类人文景观之核心；而小口下之"㐅"为树木花卉湖石之属，与池水、屋宇相依相伴。这也诠释了苏州民居的追求：营造一个仿佛置身于自然山水中的人居环境。

（一）何谓苏州民居

在建筑学的分支学科中，园林学是一个重要的分支。中国古典园林与西亚园林（以古波斯为代表）、欧洲园林并称为世界三大园林体系，而以苏州地区为代表中国江南私家园林更是早已享誉世界，并于1997年被列入世界文化遗产名录。其典范之作有：拙政园、留园、网师园、环秀山庄、沧浪亭、狮子林、艺圃、耦园和退思园等。以往谈起这些名苑别业，一般着眼于园林发展史、造园技法及其美学思想，如说沧浪亭具宋代园林遗痕，狮子林似有元代倪云林画意，拙政园、留园分别是明代、清代的代表作，网师园为中小型园林之佳作，退思园是晚清贴水园之孤例，等等。

不过，从另一角度看，这些江南园林首先是私家宅院之附属，从属于传统民居建筑范围——各家园林作为私人住宅的附属地，虽然可能因面积大于居住部分而有喧宾夺主的独立性质，居住部分也因配合园林山水而布局不甚规制，但其围绕生活起居而建的性质并未改变。

当然，即使是在苏州，也不可能允许每户人家都拥有如拙政园这样，园林区远大于居住区的超大型住宅。苏州多数住宅的基本形式属于庭院类天井式民居宅院：四面屋宇或三面屋宇加一面墙组成屋顶山面相连的为一进院落（天井式小庭院），多进院落构成中轴对称式的狭长形布局，坐北朝南，大型住宅依次布置正门、轿厅、女厅等，可贯通前后巷（正门在前巷，后院抵后巷），经济条件允许的话，还可中轴线左右另加两条纵轴，形成跨院。再扩大一些，就可在宅后或侧轴建造或大或小的花园。而经济条件一般或较拮据者，则可减至省略轿厅、后宅等的一进院落。

以中高等级的苏州宅院为例，一般宅院大门在街巷路北，大门可是三开间面阔的门楼（北京城内的等级约束，在此地影响较小），也可只开一间面阔，

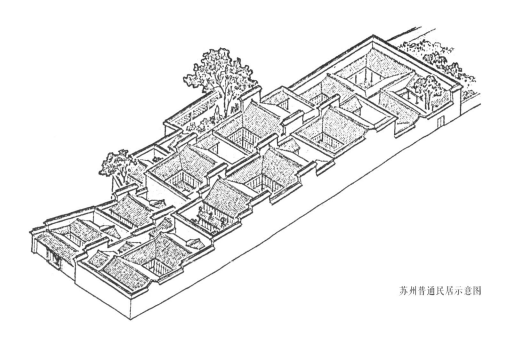

苏州普通民居示意图

入大门后穿过空间狭小的天井,为空间敞开、无门窗装修的轿厅(供富贵人家停放轿子),轿厅附近可安排账房、家塾和杂役等房间;轿厅之后的下一院落为正厅所在,正厅体量较大,装修讲究,庭院也宽敞,可布置花木盆景等点缀,为家庭议事、宴饮待客、喜庆大典等的活动场所。正厅之后的下一进院落为上房或女厅,按需要安排为户主或女眷的居室,一般建造成五开间的二层楼厅,如是女眷住处,还可将楼厅及天井庭院加建高大的风火墙,形成禁区。以此为基本配置,或可安排左右跨院以增加各种生活使用的功能性用房,或可在后院、跨院之外,营造半独立、可大可小的私家花园。譬如网师园,假如完全省略其后宅及西侧的园林部分,就是一个三进院落的标准民宅;假如省略园林并将散落园林各处的屋宇集中布置组合为另一轴线,则是一处大型住宅;假如把现有的园林面积再扩大,并增加屋宇数量,则又可成为拙政园式的超大型豪宅别业。

苏式宅院从整体上看，正立面端庄大方，而其屋顶的四角起翘较高，视觉上给人以"如翚斯飞"的灵动之感，有别于北京四合院正房之平实敦厚。前后檐廊的设置，则适应了江南多雨的气候环境。

苏州民居的天井式庭院一般都较小，尤其是庭院四轴建筑为二层房屋时，视觉上更觉窄小犹如井口。这主要是为了避免夏季阳光照射，并获得凉爽宜人的对流风。天井周围的围墙多为白粉墙面，可使室内获得反射光线，弥补采光的不足。大部分建筑采用硬山式山墙，并砌有高耸的马头墙，是为避免街区遇到火灾时的火势蔓延。

而庭院地面皆由砖石精细铺装，预留暗沟将雨水自庭院内部排泄至宅院外的小巷、河浜。这种"四水归堂"式的处理，在江浙一带甚为流行。

这里的砖雕、木雕、彩绘等方面均有技艺精湛的工艺传承。一般宅院的院门为砖砌门楼，不仅门楣有透雕的吉祥花卉、瑞兽、历史人物故事等，在北京属于禁忌的装饰性斗栱也很常见。房屋的木构件一般罩以栗色油漆，不做彩绘，保持色调的淡雅，各厅堂可用雕刻精美的落地长槅扇作室内外隔断，其木窗棂格的装饰纹样极为丰富多样，常见的有如回形纹、寿字纹、冰裂纹、云纹、海棠纹等。室内则有各式屏门、花罩，与室内家具陈设形成巧妙的照应。院落间的隔墙又往往有各色漏窗，其花色之丰富不亚于窗棂纹样，与庭院花木形成呼应，构成景观小品，更使得院落之间既保持独立，又能浑然一体。

苏州民居或园林的精细布置，甚至体现在铺地上，即庭院地面以各色卵石、瓦片等构成装饰图样。铺地装饰各地均有（如北京紫禁城御花园等），似乎以苏州地区最为多样，当年童寯先生曾专门搜集，留有珍贵绘图。

苏州民居同样以满足宗法礼制社会秩序为基本要求，其前堂后寝、内外有序、男女有别等布置，与北京四合院并无二致，但其花木、家具陈设、楹联等增加生活情趣的点缀，则比北京民居更为生动自然，而附属私家园林的造园艺术，直接影响到了北京的皇家园囿。

①.网师园正门
②.拙政园留听阁
③.苏州宅院之壶门
④.苏州民居庭院之水面与隔墙漏窗
⑤.怡园有漏窗的游廊
⑥.苏州园林铺地（童寯绘制）

　　苏州民居建筑适应于江南的生活环境，尤因苏州城内水乡纵横，形成了东方水城的独特景观（与意大利威尼斯之西方水城并称）。因此，这里的大小民居宅第构成苏州独有的生活场景。

　　早年，苏州引大运河水入城，形成水路网络，可通航，可取生活用水，也有排污用途，有条不紊地保障着这座千古名城各项城市功能的正常运作，而郊县农民春秋两季的定期清淤，既保证了城市水源的清洁，也为周边农业生产供应着肥料。这样，社会的士农工商之间，社会与自然之间，就形成一个和谐相

①. 网师园正厅
②. 苏州民居一角
③. 苏州园林亭榭

处的良性循环的局面。

那时，大户人家往往以正门前的水巷为物资运输通道，后门水巷可日常洗濯、排水，而饮用水源为院内的水井；中小型宅第人家，则一面临水，往往在陆巷有公共水井，同样保证了日常生活需要。

（二）苏州园林经典代表作

网师园

位于苏州城东南十全街。占地约半公顷，原为南宋文人史正志的万卷堂所在，称"渔隐"。清乾隆年间宋宗元重建，取"渔隐"旧意，改名"网师园"。

网师园中的居住区与园林布置搭配极为完美。园中屋宇、亭廊、泉石、花草，体现了苏州庭园布置的精粹。濯缨水阁和看松读画轩隔池相望，是读书作画之所；月到风来亭和射鸭廊遥遥相对，是观鱼和欣赏水中倒影的佳处。殿春簃自成院落，是主人读书修身之处，环境幽静，具有典型的明朝风格。网师园是苏州面积较小的园林，也同时是中型传统民居的范例。

艺圃

位于苏州市阊门内天库前文衙弄5号，始建于明代，曾名"醉颖堂""药圃""敬亭山房"，清初改称为"艺圃"，至今较好保存了原有格局。宅院中池水约占五分之一。池水之东岸与北岸为完整的住宅区，大致分为"世伦堂-大厅-后宅"、"水榭—博雅堂—后宅"这两路并联的南北纵轴，是布局规整的厅堂建筑群。而环池之东南、西南有石桥、亭榭，尤其以池水南岸之假山、湖石、树木等给人以奇秀之美、山林之趣。整座宅院以水面为中心，充分展示苏州工匠叠石、理水的高超手法，但这些技艺的展示又无一处不服务于户主世俗之余企望寄情于林泉山水的营建意图。

退思园

位于吴江同里镇东溪街，始建于清光绪年间，由落职官员任兰生出资白银十万两建造，因寓有"退则思过"之意，故名"退思园"。全园简朴淡雅，水面过半，建筑皆紧贴水面修筑，园如浮于水上，是全国罕见的一处贴水园建筑，体现了晚清江南园林建筑的风格。退思园总面积为九亩八分。此园一改以往园林的纵向结构，而变为横向建造，左为宅，中为庭，右为园。全园格局紧凑自然，结合植物点缀，呈现出四时景色，清朗幽静。退思园集清代园林建筑之长，

网师园平面图

① 阔街头巷　⑩ 道古轩
② 轿厅　　　⑪ 集虚斋
③ 万卷堂　　⑫ 水池
④ 撷秀楼　　⑬ 琳琅馆
⑤ 五峰书屋　⑭ 月到风来
⑥ 竹外一枝轩⑮ 花房
⑦ 梯云室　　⑯ 冷泉亭
⑧ 琴室　　　⑰ 殿春簃
⑨ 蹈和馆　　⑱ 苗圃

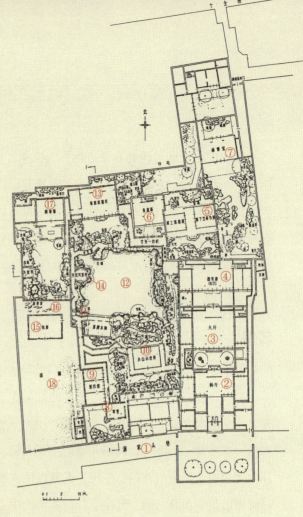

网师园中部

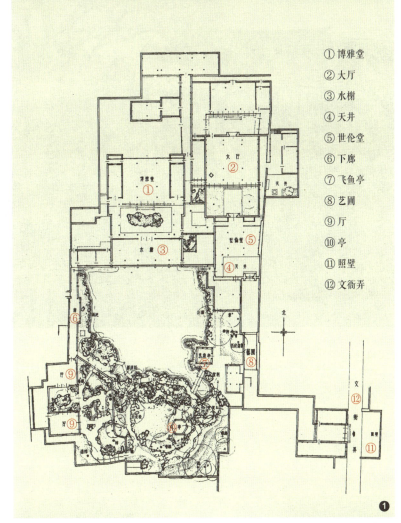

① 博雅堂
② 大厅
③ 水榭
④ 天井
⑤ 世伦堂
⑥ 下廊
⑦ 飞鱼亭
⑧ 艺圃
⑨ 厅
⑩ 亭
⑪ 照壁
⑫ 文衙弄

① . 艺圃平面图
② . 艺圃一角

退思园

而作为民居,尤其突出了士大夫阶层"用行舍藏"式的人生感悟。

(三)苏州园林中的隐逸文化

  苏州民居属于天井式庭院民居,但在这方面并不比安徽徽州民居或浙江东阳民居更突出,而是以本是宅院附属的园林景观见长,或可称为一种宅园合一的园林式宅第,这也恰恰是苏州民居的价值所在——代表了旧时中国的另一种人生价值取向。旧谚"上有天堂,下有苏杭"。这并不是说苏州、杭州在那时的中国比京城的经济更发达、文化更深厚、自然景色更壮丽、建筑面貌更辉煌,而是指那里的生活更合乎人生理想。

  如果说,京城作为政治文化中心,有较严格的等级约束和官场禁忌,令人或多或少有压力,而苏州作为工商业重镇,也未尝不是争名逐利的场所。难能可贵的是,居住在苏州的士大夫阶层往往能够参透利禄之无聊,寄情于山水之

苏州西郊范仲淹故里

间,静心营造出一个个可观可赏的栖身之地,身居闹市而独享寄情于山水之间的人生乐趣。唐代诗人白居易曾作《中隐》诗:

> 大隐住朝市,小隐入丘樊。
> 丘樊太冷落,朝市太嚣喧。
> 不如作中隐,隐在留司官。
> 似出复似处,非忙亦非闲。
> ……………

苏州民居堪称是这样的"中隐"者的艺术作品,表现出一种平衡世间琐事与人生理想的中国式智慧。

当然,苏州除了以"小桥流水人家"展现江南旖旎风光和文化上的精致细腻气质外,也有为世人忽视的另一面:我国素有"燕赵自古多慷慨悲歌之士"的说法,而苏州人范仲淹的出现,却说明此江南水乡也并不缺乏中国文人士大夫的浩然正气。范仲淹(989~1052年),北宋政治家、文学家、军事家,世称"范文正公",以"先天下之忧而忧,后天下之乐而乐"的胸怀名垂千古。他生于苏州,今苏州西郊留有天平山下有咒钵庵、范公祠、义庄等遗迹。史载范仲淹晚年自请罢相后曾用自己所积的俸禄在故乡买千亩良田创办义田,用以养济族中穷人,又创办义庄、义学,用以接济贫困、设立私学、鼓舞风气。

与苏州民居同样出名的是这里的建筑工匠传统,至民国初年乃有姚承祖著《营造法原》一书问世,是我国建筑学领域中记录民间匠作传统的重要典籍。因此,苏州园林式宅院名作与工匠传统合一,对周边产生了较大影响,扬州、南京、

范仲淹像

无锡、常州、湖州、上海等地,均在其辐射范围之内,如甪直、同里、南浔等可称小一号尺幅的水城,而扬州何园、南京瞻园、常熟翁同龢故居、木渎镇冯桂芬故居、杭州胡雪岩故居、常熟凤凰镇杨榜眼府等实例,与苏州城内宅院佳作原理相同而又有微妙差异,也大有可观。

四 可游可居
徽派建筑的实用性与艺术性

徽派民居与苏州民居在建筑群布局上，都属于庭院类天井式，以此区别于北京等地的庭院类四合院式。庭院类天井式的基本形制是：四面屋宇或三面屋宇加一面墙相互联属，屋面衔接，组成中间狭小犹如井口的小型院落。天井式民居流行于长江以南，而以安徽省徽州地区的天井式民居最具代表性，世称"徽派建筑"或"徽派民居"。

徽州地区地形多样，其庭院布置亦因地制宜，未必比苏州、北京等地民居更费心经营，却往往给人以中国山水画卷般的视觉享受。可以说，徽派民居是最能体现中国山水画风韵的民居，也是最能体现天人合一思想的民居形式之一。

（一）何谓徽派民居

徽州即今安徽南部的黄山市所属市县，曾称"屯溪专区"，包括安徽省歙县、绩溪、屯溪、休宁、黟县、太平、祁门等地，历史上还包括今之江西婺源。

明清以来，有许多经营盐、茶、米、木和典当业的徽商因其精明、勤奋而获利颇丰，有足够的资金在家乡建造华美宅第，于是一呼百应，大兴土木之风遍及徽州全境，历久不衰。上述各县（含江西婺源）至今留有大量保存完整的明清民宅，其中西溪南、唐模、潜口、棠樾、呈坎、西递、宏村等村镇尤为集中。西递、宏村更因整体性古村落保存完整，于1999年列入世界文化遗产名录，对其评价是："西递、宏村古村落保持着在上个世纪已经消失或改变了的乡村的面貌。其街道的风格，古建筑和装饰物，以及供水系统完备，其民居是非常独特的文化遗存。"

徽州天井式民居兼用三合院、四合院之平面布置。天井庭院内或青砖铺地，或砌筑成矩形水池，皆在建造时预留排水暗沟通往院外河渠或池塘，如系多进院落，则暗沟串联数个天井。庭院内每幢房屋皆有前廊或披檐，便于雨天通行。这类民居多为二层，一层为厅堂，二层为居室。在建筑密集地区，为防止火灾蔓延，屋顶为硬山式，加筑形式多样的防火墙。其门厅、正堂往往做成敞口厅或敞廊等半室外空间形式，无形中扩大了庭院的生活使用空间。以这个天井院落为基本单位，南北纵轴组合多进院落，也可在南北纵轴线之左右再开辟东西跨院，另辟旁门。因徽州一带多山，地势起伏，平地少，独进、二进、三进院落为常见，很少四进以上院落。

徽州民居的建筑结构多采用兼有抬梁式与穿斗式特点的大木构架，建筑史家孙大章等人称之为"插梁式构架"。由于直接传承了明代建筑技术，加之徽州木材资源丰富，故这里无论明代或清代的民居遗构，其用材都比南方多数地

①．黟县宏村古村落鸟瞰

②．歙县呈坎村外景

③．棠樾敦本堂内景

④．插梁式构架——呈坎村罗东舒祠

⑤．徽州民居木窗雕饰——苏雪痕宅

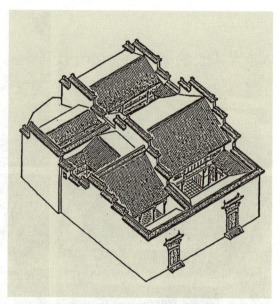

徽州民居示意图

徽州明代住宅的各式门罩

区更为粗大。故不考虑装饰因素，徽州民居的建筑有一种雄健之感。

徽州民居的装饰也极有地方特色。在木构梁架上，健硕的大梁两端衔接插栱处，以简洁有力的木刻刻出隐栱弧线，当地谓之曰"龙须"，在视觉上使得沉重的构件有了上扬的走势，而包袱式的锦文、棱花等装饰图案，更为之平添了华丽色调。其楼层栏杆、槅扇棂格等雕饰，在图案的简洁与繁复之间，有很好的取舍质控，展示了徽州工匠精湛的技艺和脱俗的审美趣味。徽州民居的大门，也是装饰的重点，现存各种垂花式砖雕门楼，足以彰显出户主的富庶与品位。

徽州民风素重家族传承，每个村落中多有祠堂及表彰善行或功名的牌坊，祠堂除祭祀祖先外，也是大家族议事的公共场所。故游览徽州古村落，所到之处往往是以宗祠类建筑为中心、重心的，如呈坎村之罗东舒祠、棠樾村之敦本堂（男祠）与清懿堂（女祠）、唐模村之尚义堂等。

（二）徽派民居览胜

西溪南村

此村中原还曾有老屋祠、吴之高宅、黄卓甫宅等明代建筑和大量的清代建筑，后或整体迁移至潜口集中保存，或损毁无存，致使今日村内遗存数量有限。不过，尽管数量有限，但具有特殊意义——村中至今留存的老屋角、绿绕亭为明代徽州民居的珍贵遗构，系刘敦桢先生1952年调研时的重大发现，由此确定中国现存古民居的最早年代不是之前所认知的"不足百年"（见梁思成《中国建筑史》），而是留有相当数量的距今约400年上下（明初至明中叶）的建筑遗存。其中吴息之宅与绿绕亭仍留守村中，是明代民居类建筑的精品。

西溪南村依河流而建，并开凿沟渠将河水引入村中，许多宅院与池塘相邻，宅院内天井水池之暗沟可及时排泄雨季积水，形成了徽州村落完善的积水、排水网络。吴息之宅以木构架严谨、院落完整和装饰木刻精湛而展示出明代民居建筑的风采，相邻不远的绿绕亭虽体量不大，却是难得一见的明代建筑小品佳作，其价值绝不低于大型宅院。

潜口村

有现存原址保留和异地迁移至此的明代建筑多座。1982年，为集中保护古建筑，经国家文物局批准，当地文物部门将分散在歙县郑村、许村、潜口、西溪南村等10余处较典型而又不宜就地保留的明代建筑拆迁，整体安置于此地。拆建复原工程长达12年，先后迁建祠堂3座、民宅5幢、路亭1座、石牌坊1座、石拱桥1孔，如司谏第（潜口原址）、曹门厅（潜口原址）、方文泰宅（潜口镇绅沙村）、苏雪痕宅（歙县郑村）等，其中苏雪痕宅年代最久，可能为明初遗构，距今超过500年。其周边另辟一地为清代民居集中地。潜口明清建筑民居群分别于1990年和2007年建成并对外开放，形成一座古建筑专题博物馆。一段时间在业内有"潜口模式"之说。不过，"不可移动文物的异地搬迁复原"本身就是一个颇存争议的话题。

对于今天的人而言，来徽州欣赏民居艺术，似乎潜口村是必选的第一站：观者在这里可以首先了解一下徽州概况：不仅仅是明代民居之典雅大方，清代民居之华丽精致，更可了解到这里的工匠传统与文人风格之相辅相成：就砖木雕工而言，徽州工匠之心灵手巧自鲜有出其右者，而此地所诞生的新安画派之意境高深，亦长久被世人视为画坛翘楚。距此地不远处的潭渡村为大画家黄宾虹故里，黄氏在近代画界与齐白石齐名，尤以文人画意之笔趣墨韵独步天

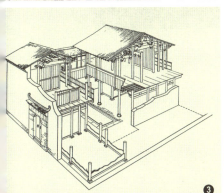
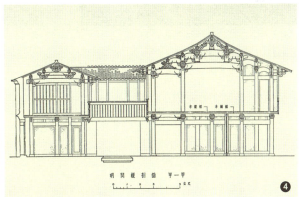
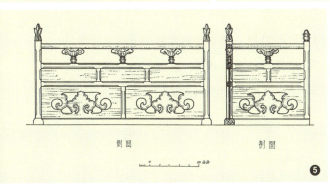

①.西溪南村绿绕亭
②.西溪南村吴息之宅天井
③.西溪南村吴息之宅剖视图
④.吴息之宅剖面图
⑤.吴息之宅木栏杆雕饰纹样

①.潜口民宅之明代方文泰宅

②.潜口民宅之善化亭

③.徽州籍国画大师黄宾虹画作——山水扇面

呈坎古村落

  此处尤以罗炳基宅等为中小型民居的典范,罗东舒祠为徽州宗祠类建筑的典范。相比潜口、宏村等靠近山麓,呈坎相对平坦开阔,故以远山为借景,村落则格局舒朗,具有李营邱之平远画意,享有"中国风水第一村"的美誉。

①. 呈坎村钟英街街景

②. 呈坎村呈坎村外景

③. 唐模村檀干园

唐模村明清民居

  此处在刘敦桢指导中国建筑研究室所著的《徽州明代住宅》一书中亦有较详细论述。其中胡培福宅为中小型民居的典范，而方文泰宅以雕饰精美著称，今已搬迁至潜口。在刘敦桢初次调研和中国建筑研究室续调研之后，学界更为侧重其村落环水处理手法的运用，其村头水口和园林景观为徽州地区罕见。檀干园建于清初，亭台、水榭均仿效杭州西湖而建，又称"小西湖"。

棠樾村民居及牌坊群

村中有鲍家花园、敦本堂（男祠）和清懿堂（女祠）等古典园林和祠堂建筑，为均清代园林建筑佳作。此外，棠樾村今存由七座牌坊组成的牌坊群，呈扇形分布于棠樾村东大道上，为明清时期古徽州建筑艺术的代表作，体现了徽文化"忠、孝、节、义"伦理道德的概貌，同时也是徽商纵横商界三百余年的重要见证。七座牌坊中明构四座、清构三座：建于明永乐十八年（1420年）的慈孝里坊，牌坊龙凤板上有"御制"二字，旌表孝行；建于明嘉靖（1552-1567年）初年的鲍灿坊，为四柱三间一楼，清乾隆十一年（1746年）重修，旌表孝行；建于明天启天二年（1622年）的鲍象贤坊，旌表功臣；建于清乾隆三十二年（1768年）的鲍文渊妻坊，旌表节妇；建于清乾隆乾四十九年（1784年）的鲍文龄妻坊，旌表节妇；建于清嘉庆二年（1797年）的鲍逢昌坊，旌表孝行；建于嘉庆嘉二十五年（1820年）的乐善好施坊，旌表善行。

这些牌坊主要内容为旌表善行、慈孝、节妇，且三者并重，客观反映出徽州民风：因家庭男性成员多远行经商者，徽州妇女往往不是一般意义的"贤内助"，而是实际意义上的"主内者"，因而这里的乡里互助，留守妇女承担敬老、教子、生产经营与日常家务等，成为世代因袭的民风。故他处鲜见的家祠之中独设女祠的做法会出现在这里，并以清懿堂（女祠）高悬"贞孝两全"额匾传为佳话。

西递古村落

西递距黟县县城8公里，居民300余户，人口1000余人。整个村落呈船形，现在保存有明清古建筑124幢，祠堂3个，祠堂3幢，基本上是清代建筑。

西递四面环山，两条溪流从村北、村东流至村南会源桥汇聚。一条纵向的

①. 棠樾牌坊群
②. 棠樾清懿堂（女祠）

街道和两条沿溪的道路，构成交通要道。街巷以黟县青石铺地，房屋建筑以木结构为主架，砖墙石条屋框，木雕、石雕、砖雕艺术卓越，巷道和房屋建筑的布局协调，村落空间变化多样，建筑色调朴素淡雅。其中凌云阁、刺史牌楼、瑞玉庭、桃李园、东园、西园、大夫第、敬爱堂、履福堂、青云轩、膺福堂等，堪称典型的徽派古民居建筑，如村头所建青石牌坊为明中叶遗物，四柱五楼，结构精巧；履福堂建于康熙年间，以陈设典雅著称，厅堂楹联"读书好营商好效好便好，创业难守成难知难不难"颇具古徽州民风；大夫第建于清初，其亭阁式建筑是难得的佳作。

西递村各家多见黑色大理石条门框、镂空石窗，楼台亭阁等处的砖雕、木雕图案，无论花卉、人物，均栩栩如生、绚丽多姿。西递村以整体规模庞大、建筑雕饰精细著称。建筑史学界对其现存单体建筑的价值判断低于西溪南村、潜口等地的明代建筑实例，但一般游客乃至国外学者则更留意于世俗性的精雕细刻和整体规模庞大，以致徽州民居以黟县西递、宏村古村落为代表于2000年11月30日被联合国教科文组织列入世界文化遗产名录，而这一带大量明代建筑却相对被冷落。

①.西递古村落
②.宏村外景
③.理坑村民居群俯视

宏村

　　在黟县县城东北 10 公里处，建成于 1190~1194 年，为汪姓人居住地。宏村村后是黄山余脉，村落面积约 19 公顷，现存明清时期古建筑 137 幢（以清代建筑为主）。

　　宏村的村落选址、布局和建筑形态，遵循周易风水理论，体现了天人合一和尊重自然的哲学,把民居建筑群与大自然相融。宏村地势较高,常常云雾缭绕,如诗如画。宏村古建筑马头墙，粉墙青瓦，设计规范整齐。村中的承志堂宏大、精美，木雕层次分明，颇有宫廷气派。南湖书院的亭台楼阁与湖光山色交相辉映，村中的敬修堂、东贤堂、三立堂、叙仁堂等雕饰精美，庭园内参天古木。以村中半月状池塘中心，溪流盘绕村中形成村落水系，为村民的生产、生活和消防用水之源，体现了徽州人的用水智慧。

江西婺源理坑村

江西婺源现存徽派古建筑、古村落多处，理坑村是其代表。此古村落以"篁皮街"为轴线，40多条街巷呈向心布局，民居大多沿街、沿河而筑，飞檐翘角、粉墙黛瓦，极具徽派民居特色。理坑建村于南宋初，明代科第业兴盛，屡出高官显宦，热衷于营造邸第，以耀祖光宗。至今，以官邸宅第为主体的明清古建筑有130幢之多。重要遗存有：尚书第——明末工部尚书余懋学之府第，门楼花坊上有"尚书第"三字；天官上卿府——明南京吏部尚书余懋衡之住所，石库门坊上有汪刻楷书"天官上卿"四字；驾睦堂——明代崇祯年间广州知府余自怡奉旨敕造的官厅；司马第——明末兵部主事余维枢之宅，门楼上砖雕花框正中有"司马第"三字；九世同居楼——村中余姓仁宦的住宅，建于明末清初，门内前厅粗梁上木雕"九世同居图"。

（三）殊途同归的浙江东阳等地民居

与"徽派建筑"大致属于同类型者，尚有浙江东阳民居、温州民居等。浙江东阳为浙江东部经济发达地区，历史上也是文风昌盛、宗族观念很强的地区，一村乃至一镇常为一姓集聚之地，如堪称民居经典的"东阳卢宅"所在的村落

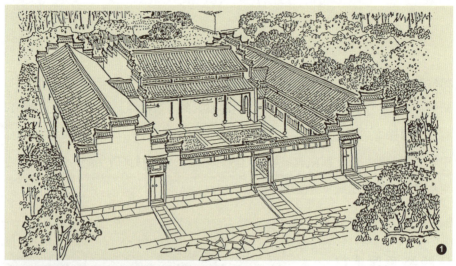

①. 东阳民居十三间头示意图
②. 东阳敞口厅堂
③. 东阳卢宅树德堂

就叫卢宅村。

  东阳民居与徽州民居最大的不同在于庭院规模。虽同属于庭院类天井式民居，但因这里地势较为开阔，故东阳民居的院落庭院要比徽州或苏州的庭院宽敞。其面积接近于北京四合院，但平面布局实为三合院：正房三间，两厢夹持各五间，无倒座房。因一组院落合计十三间，当地人称这种宅院为"十三间头"或"三间两插"。与庭院宽敞相适应，其正房开间也比较大，正房、厢房均设雨天可以通行的前廊。东阳民居也以木雕精美著称，这是与徽州民居相近之处，但往往更多采用透雕、镂空雕等高难度的木雕技法。这样做自然会有更为华丽的视觉效果，但如不加控制，又会失之于过度繁缛。而卢宅可谓东阳木雕的佳作。

徽州民居因西递、宏村两处古村落的完整性而于1999年列入世界文化遗产名录，声名大噪。实际上，在申遗成功的四十七年之前，我国学术界即已发现了徽州民居的文化价值。建筑史家刘敦桢先生不仅在年代上和建筑技术特点上肯定了徽州民居建筑的学术价值，还更深一层次地指明了此地传统民居与时代、地区和社会文化背景之间的关系：*皖南一带于明末未罹兵火，抗日战争中也甚少波及，使地方能保有一较长的安定局面。此外，当地艺术颇为发达（如新安画派和版画都著称一时），虽然与建筑直接关系较小，但在间接上促进了一般的审美观点。*

徽州民居与石涛、渐江、髡残、黄宾虹等新安画派画家及其传人的绘画作品，与徽墨、歙砚、徽笔等非物质文化遗产，与戴东原、胡适之等国学大师是同属一片沃土的。

虽然同为天井式民居，与苏州民居以附属园林见长相比，徽州民居则专力经营建筑本体之完善。苏州民居地处长江中下游平原，河汊纵横，但略嫌缺少山地，视野过于平坦，又身处工商繁华之区，故以园林内叠石理水，力求山水画卷式的"可观可赏"。徽州地处山峦丘陵地带，依山傍水，本就置身于风景优美的自然山水之间，故无须考虑周边风景，而更在意其宅第之"可游可居"。如果说苏州古典园林更多的寄寓着文人士大夫的诗意情怀，重在观赏，则徽州民居（建筑类型可定为庭院类天井式）更为侧重普通民众（士农工商四类人中的后三类）的起居生活和审美情趣。尤其是因妇女在家庭、社会生活中扮演着重要角色，使得商家的精明、工匠的工巧、文人士大夫的立志高远与女性的温和善良相辅相成，成就了一种具有特殊亲和力的刚柔并济的民风，更将此人文底蕴蕴含于民居建筑之中，与崎岖多姿的黄山自然风格相依相伴，成为文化与自然的双重瑰宝。

五 博古通今
岭南民居独特的建筑装饰与审美趣味

所谓岭南,即地理上的五岭以南地区,历史上曾属唐代岭南道(后又分岭南东道、岭南西道),包括今之广东、海南、广西、香港和澳门等三省二区。这是一个地处我国东南沿海,气候温润多雨,文化艺术上与中原地区有着数千年渊源而又长时期表现出极强地域特色的地方。粤语、粤剧等被视为最难听懂的方言、地方戏,但其中却往往保留着汉唐余韵;人称"吃在广州",殊不知这个烹饪界的美誉是取代清朝之前"吃在扬州"的(至今两地仍保持若干相似习俗,如广东人重视"早茶",而扬州最著名的餐馆仍以"茶社"为名)。在民居建筑方面也如此,往往岭南民居被常人视为异样之处,有其因时代变化而变化的创新,更有一些是中原已失传而此地依然鲜活如初的古代文化基因。

（一）岭南传统民居之五彩缤纷

岭南地区有着丰富的传统民居建筑，其建筑类型复杂多变，但也是有规律可循的。在大概念的"岭南民居"之下，可分"粤中民居"和"潮汕民居"二种。

粤中民居

广州、东莞、中山等粤中地区，常见一种"三间两廊式"的多进院落民宅：第一进为正房三间、左右设廊屋的三合院，之后沿南北纵轴串联若干院落。这种样式如稍作简化处理——省略廊庑、减少建筑装饰，即成最基本的三堂式院落，而这种简朴的院落也无妨作简洁的庭园布置。如清末著名爱国志士黄兴，就曾以这样的简朴型三堂式民宅为黄花岗起义指挥部。

同为这种三堂式庭院，也可形成趣味上大相径庭的富丽堂皇局面。如广州著名的陈家祠堂（又称陈家书院，建于1888年），即以规模庞大、装饰华丽著称，其装饰艺术荟萃岭南民间建筑装饰的各种精华，世称"三雕、三塑、一铸铁"，"巧夺天工""百粤冠祠"。

三堂式民居比之三间两廊式民居在岭南地区（含粤中、潮汕两分型）更具代表性。这种类型的民宅依中轴线布置上中下三堂，下堂（门厅）一般为屋宇式门楼，中间启门，两侧次间供仆役、护卫等居住，中堂为家庭聚会或会客场所，而上堂（寝堂）或为家长起居，也可改为供奉祖先的祖堂。庭园内不设厢房，在需要的时候以厝房纵列在主院落的两侧，形成家族日常起居的厝院，厝院的房屋按需要和财力，可以为三层楼房。

相比福州三坊七巷的三堂式宅院，岭南的住宅有其独特性：其一，这里的院落布局更为灵活，而建筑装饰则各有其地域性特点；其二，三坊七巷的房屋多为纯粹的大木构架（兼有抬梁式与穿斗式特点），而粤中民居除超大型宅院（如上述陈家祠堂）外，多采用砖木混合式结构，即山墙为不设木柱的纯砖砌承重墙体，与明间抬梁式木屋架相配合，连接屋架的方木一端直接插入砖墙；其三，三坊七巷的建筑装饰较为典雅、写意，而粤中地区的世俗生活气息更为浓郁，无论建筑构件、室内陈设，所有可利用的空间都遍布以花鸟鱼虫、瑞兽、历史传说、戏剧人物为题材的建筑装饰性雕塑和彩画。

潮汕民居

广东潮州、汕头、汕尾等地濒临南海，地处亚热带，炎热多雨，时有台风来临，故该地区在建筑住宅时很注意日常的避暑、通风和台风袭来时防御风暴，故无论宅院规模大小，外围均以敦厚的砖墙封闭。

此地受风水学影响较重，宅址、朝向等一般都要由风水师择定，宅院内布

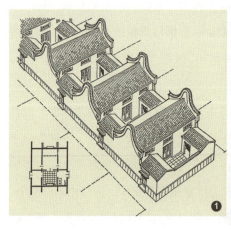

①. 粤中三间两堂多进院民宅示意
②. 广州黄花岗起义指挥部——风格朴素的三堂式民居
③. 广州黄花岗起义指挥部——三堂式民居简洁的庭院布置

①. 陈家祠堂正面全景
②. 陈家祠堂门楼正脊装饰
③. 陈家祠堂砖雕
④. 陈家祠堂中堂之木构梁架
⑤. 岭南民居某宅之砖木混合结构

局紧凑，单体建筑多采用砖木混合结构，木构架兼用抬梁、穿斗二式，屋顶为硬山式。

在建筑装饰方面，潮汕民居较粤中民居为简洁，似乎有受闽南建筑风格的影响，或可称为闽南至粤中的过渡型：在屋脊等处，潮汕民居的装饰显然比粤中民居简略，也很少采用博古纹等样式；在室内梁架等处，又显然较闽南、闽东等地为繁复。

（二）岭南民居览胜

无论粤中民居或潮汕民居，至今都留下了不少堪称佳作的遗构，也留有一些整体性的城市古街区和乡村古村落，如属于粤中民居的广州市区之陈家祠堂、锦纶会馆、三水大旗头村、中山翠亨村、开平三门里，属于潮汕民居的象埔寨、汕头古街、潮州古街、汕头潮阳梅祖家祠等。

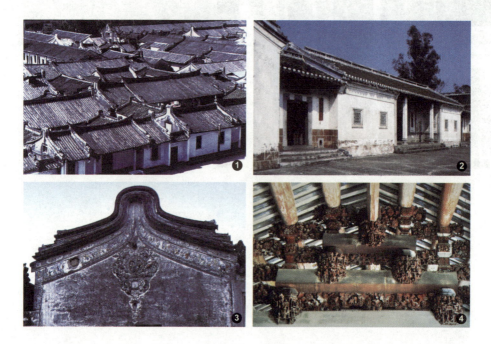

①. 汕头古村落鸟瞰
②. 潮安彩塘镇民居门楼
③. 潮安彩塘镇民居山墙屋脊及悬鱼惹草装饰
④. 汕头潮阳梅祖家祠梁架雕饰

广州陈家祠堂

本为陈氏书院,俗称陈家祠,位于广州市中山七路。清光绪二十年(1894年)落成,系广东省各地陈氏宗族共同捐资兴建的"合族祠"。主体建筑分三进三路,采用抬梁式木构架。

陈家祠的建筑以装饰华丽、内容丰富而著称。木雕、石雕、砖雕、陶塑、铁铸工艺等各种各样的装饰,遍布在祠堂内外的顶檐、厅堂、院落、廊庑之间,图案题材广泛,造型生动逼真,雕刻技艺精湛,用笔看似简练粗放实则精雕细琢,与雄伟的厅堂浑然一体,被誉为"岭南建筑艺术明珠"。其室内的屏门挡中、龛罩、花罩、梁架、坨墩、斗栱、檐板、雀替等，广泛采用了木雕装饰。九间厅堂外的墀头均饰有砖雕，其题材内容有吉祥图案、民间传说、历史故事等，如"喜鹊登梅""金玉满堂""龙凤呈祥""竹鹤图""杏林春燕""和合二仙""天姬送子""群英会""玉皇登殿""舌战群儒"之类。尽管这样装饰艺术在总布局上难免过于繁复、堆砌，但如择取其中的单幅作品，其技艺之精湛，造型至栩栩如生，均不乏上品。

中山翠亨村

翠亨村为中国革命的先行者孙中山先生的出生地，村内除中山先生故居外，至今保留有始建于清末民初的历史街巷，也是粤中民居较集中的区域。这里的房屋构架简洁，很少使用装饰，说明这里一般农户的经济能力偏弱。中山先生不仅生长于斯，而且亲自设计，对其旧居做西式改造。或者，翠亨村民居最大的文化价值，恰恰表现为中山先生"中学为体，西学为用"的社会实践，也反映了那一时期的社会潮流。

潮州象埔寨

位于潮州市潮安县古巷镇古一村，东距潮州古城约8公里。全寨属陈氏家族，寨中建筑布局三街六巷七十二座厝房，以大宗祠陈氏家庙孝思堂为中心。大宗祠为明式建筑，悬山屋顶，装饰华丽。大宗祠之西侧另有西湖公祠（二房祠），建于晚清。东侧有松轩公祠（房祖祠），建于清乾隆年间。环绕宗祠，普通民宅鳞次栉比，布局整齐划一，建筑装饰方面荟萃了木雕、石雕、贝雕、嵌瓷、彩绘、贝灰雕等潮州民间工艺的精华。

①. 中山翠亨村孙中山故居外观
②. 中山翠亨村孙中山故居中西合璧的局部改造
③. 中山翠亨村孙中山故居传统的室内陈设

①. 潮汕民居——象埔寨
②. 潮阳梅祖家祠

潮阳梅祖家祠

梅祖家祠也称石花篮祠,位于谷饶镇深洋村,始建于1921年。祠堂分前、后两进。前进五开间,前、后进中间为大天井。其平面布局采用相似"四点金"的方形为基础的九宫格式,中央为天井庭院,四正为厅堂、四维为正房,形成中心对称格局,在此基础上,再沿纵、横两个方向扩展。

这种格局,布局严谨、规矩方正,崇尚中央与中轴、讲究对称、主次分明,整体安排井然有序、上下左右呈合力之势,具有内聚性。体现了祠堂藏风聚气的凝聚力。

大门两侧和祠内饰有一百多幅精巧石雕;祠内梁枋等处刻有三百多幅生动的潮汕风格木雕;屋脊和屋檐等处饰有嵌瓷和泥塑。该祠建筑形式中西合璧,结构和谐,精雕细刻。

(三)两处新发现的岭南古村落

上述岭南民居及古村落,系久已知名的实例。其实,这里还有相当数量有价值的实例有待我们发现、认识。广东地区有几处戚氏人家的旧居、祠堂,乃至以戚氏人家为主的古村落,值得推荐。

在我国百家姓中,戚姓历史名人中无疑以山东登州戚继光最为著名,而广东省也多有戚姓人家,并与山东戚姓同源有宋末元初戚玉成"义不忘君,不畏元兵锋刃"的历史记载,较重要的遗迹有:广州市从化区枧村戚氏宗祠和云浮市新兴县古院村村落及戚氏宗祠。

①. 枧村宗祠正门
②. 枧村宗祠鸟瞰——屋脊博古纹装饰
③. 枧村渤海里民宅之漏窗

枧村

位于广州从化，明代中期戚氏由神岗石潭迁此，为纪念之前居于此地的简姓人，取其谐音定村名为枧村。村中戚氏宗祠为粤中民居"三堂式庭院"格局，虽经近年修葺，古风犹存，而门楼梁枋间的补间斗栱有明代建筑遗风，装饰性雕饰甚为精美，更为可贵的是墙壁间保留了多幅壁画，画风淡雅，似出自文人画派的高手手笔。屋顶的正脊、垂脊为岭南地区流行的博古纹装饰。这种纹饰曾启发了吕彦直先生设计建造南京中山陵与广州中山纪念堂。

枧村除戚氏宗祠及周边旧民居外，还有相距不远的渤海里、仁厚里两处传统民居建筑聚集地，似为"里坊"制的孑遗，但残损较为严重，所存完整的建筑已存数有限，但整体上古风犹存、面貌完整，装饰细部也屡见佳作。

新兴县古院村

相比从化枧村的戚氏宗祠及周边古村落，新兴县古院村戚氏宗祠处于更大规模的古村落之中，堪称粤西传统民居经典之一。

古院村地处以山地丘陵为主的粤西，毗邻粤中，其传统民居为粤中民居范畴。该村依山傍水，南部为较大的池塘，居民所建房屋自池塘北岸依次向北部、西北部山坡延伸，形成今天所见的数百个独立院落呈扇形自下而上分布的局面。此村中以戚姓居民为多，同时还有黎姓等九个姓氏人家，各姓建宅立院，称"九院"，因新兴话"九"与"古"同音，后定名为"古院"。

村内属戚氏的祠堂两座，而黎氏祠堂也堪称重要——形成了多姓氏团结共融的和谐社会图景。此村正南居中位置为戚氏宗祠（宗祠）和一座分祠性质的鲤山宗祠，黎氏宗祠则位于村东南角，村西沿池塘向内，亦分布了为数不少的民居。

全村建筑总布局，大体上由池塘北岸依次向山坡蔓延：有总体规划质控，又因地形变化而不失自由灵活之局面，建筑风格基本上为岭南民居样式，具体到各家宅院，则视自家财力，或一进院落，或多进院落，墙体或砌青砖，或沿用土坯版筑之古法，屋顶或硬山素瓦，或加粤式马鞍形风火墙。但无论财力多寡，各宅院均不忘或简或繁的砖木雕饰、粉墙壁画。

古院村戚氏宗祠、鲤山宗祠毗邻而建，均为戚姓族人祭祀祖先的地方，前者为总祠，后者则为兄弟分家而治后的旁系所建分祠。总祠与分祠如此并联一处，这在其他地方殊不多见。此二祠与村中其他建筑规制大体相同，仍为"三堂式"布局。

总祠戚氏宗祠比鲤山宗祠的建筑规模略大，一是面阔略宽，二是木材尺度也略大一些。因此，总祠给人的感觉更雄伟，而分祠则偏重精巧，可以说各有所长。以各自的第一进院落——祠堂祭祀之正堂相比，总祠布局疏朗，门楼于正堂之间，两侧为廊庑，不置一物，强调的是祭祀功能；分祠的东西廊庑，则可置放杂物和灶台，突出的是使用功能，这也是分祠承担较小规模祭祀所允许的。再以建筑装饰看，同为门楼，同样有质量上乘的雕刻与壁画，但各自的趣味却有所差异。总祠的梁枋雕饰与屋脊雕饰近似，采用图案化的博古纹雕饰，

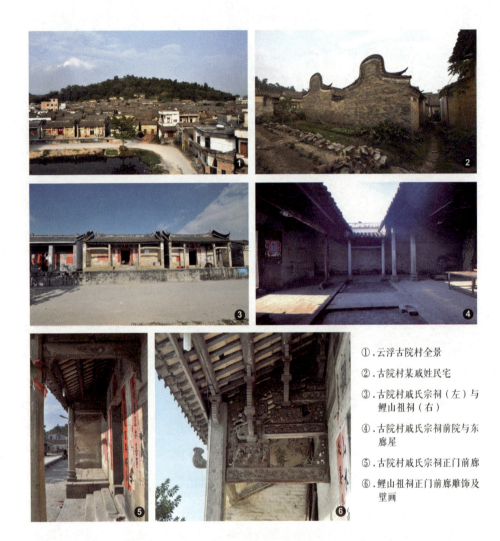

① 云浮古院村全景
② 古院村某戚姓民宅
③ 古院村戚氏宗祠（左）与鲤山祖祠（右）
④ 古院村戚氏宗祠前院与东廊屋
⑤ 古院村戚氏宗祠正门前廊
⑥ 鲤山祖祠正门前廊雕饰及壁画

使得建筑氛围比较端庄肃穆，而分祠则更多采用造型活泼生动的花鸟鱼虫、吉祥花卉等，壁画也多传统戏曲、明清话本小说为题材，具有更浓郁的生活气息。

从宋末元初戚玉成之"义不忘君，不畏元兵锋刃"，到明代戚继光之"封侯非我意，但愿海波平"，再到粤西古院村遗留下来的岭南民居……戚姓人家的历史故事与历史文化遗产合为一体,无疑是值得后人珍视的。

(四)岭南民居之博古通今

相比我国的黄河、长江流域,在一般人的印象中,岭南地区自古以来为边陲地带,文化底蕴略欠厚重。其实,早在2000年前的秦汉时期,这里就是地区性文化政治中心,至今留有西汉南越王墓、南粤王城等重要遗址。更为重要的是,此地历来有着开放型的文化心理,往往开时代先河。

以岭南民居而言,其历史渊源可上溯唐宋,而在接受西方文化影响方面,也在清末民初屡有惊世之举,如中山先生亲手改造的旧居等。而岭南传统民居也正因其与中原一带有差异性,保留着强烈的地域色彩,也常常启发现代人的创作灵感,如吕彦直先生将岭南民居中的博古纹饰移用至南京中山陵、广州中山纪念堂的设计中。再如当代建筑大师莫伯治先生本是广府土著,学贯中西而尤其受岭南民居文化滋养,所设计的广州北园酒家、南园酒家、泮溪酒家、白天鹅饭店等,都展现了当代人对岭南建筑文化的热爱与重新诠释。

莫伯治先生受岭南民居影响而设计的北园酒家(1957年)

六

因地制宜

云南"一颗印"式民居等庭院类民居特例

　　如果说，北京四合院式民居、苏州民居、徽派民居、岭南民居等属于覆盖面积较广、居住人口较多的典型性庭院类传统民居，那么，云南一颗印式民居、云南大理白族民居、湘西民居、湘西南民居、新疆喀什阿以旺式民居等，则属于相对影响较少但有独特价值的庭院类民居。

　　云南白族、纳西族民居，清海庄窠民居和新疆阿以旺式民居，地处我国西南、西北，相距万里，自然环境、风俗习惯也各不相同，但均属庭院类民居，有着无形的内在文化联系，共同见证着我国的多民族共融，是丰富多彩的中华建筑文化大家族不可或缺的重要成员。

（一）云南"一颗印"式民居

一颗印式民居在民国以前是云南昆明一带常见的一种庭院类天井式住宅。这种民居坐北朝南，一般为两层楼房，牲畜及杂物在楼下，人住在楼上。大门照壁上一般绘有色彩斑斓的绘画。整个宅院外观方方整整，犹如一方印章，故俗称"一颗印"。

一颗印式住宅一般正房较高，用双坡屋顶。首层明间称为客堂，是家庭聚餐的公用空间，两侧次间为青壮年人住房。二层房间可按需要布置住房、客房、书房、储物间或会客厅。二层的明间称"祖堂"，是供奉祖先牌位、家庭议事的场所，两侧次间为长辈住房，因二层较首层的采光更为充足。

耳房与倒座房屋顶也为双坡顶，均内长外短，以此提升外墙高度，利于防风、防火、防盗。耳房的首层一般按需要辟为灶房、马厩和猪圈。倒座房为门楼，也可省略为院墙，变四合院式平面格局为三合院式格局。

正房、耳房面向天井均挑出腰檐，正房腰檐称"大厦"，耳房腰檐和门廊腰檐称"小厦"，大小厦连通，便于雨天穿行。因房屋高，天井小，加之大小厦挑檐长度，一颗印式宅院可挡住云贵高原低纬度高海拔的太阳强光直射。中间天井庭院多以石板铺地，并有水井供生活之需。因当地虽四季如春，但是常年大风，为了挡风并兼顾安全，"一颗印"式民居的外墙一般很高，无窗（或在二层开较小窗户，如射击孔）。

一颗印式房屋在结构方面多采用穿斗式木构架，墙体较厚，多为夯土墙或土墼墙，一些富裕人家也用砖墙或砖墼混用墙。在建筑装饰方面，一颗印式民居外观主要以对外墙面突出土墼的质感，仅在正面施以装饰性较强的门罩，房屋的屋顶、墙体等处基本上不做雕饰或彩画，而以朴实无华的外观彰显建筑本体的结构力度之美。楼梯、走廊栏杆等多采用最简单的样式，而木槅扇窗门等

①.云南一颗印式民居模型
②.云南一颗印民居剖视
③.一颗印街区旧貌
④.一颗印民居天井

也多采用棋盘格、工字格等简单的窗棂装饰图案。较为特殊的是，这里的住宅不论大小或户主财力多寡，屋顶多使用北京等地受等级限制的筒瓦，而且瓦当纹饰多样，颇具古意。

　　正房底层明间为堂屋、餐室，上层明间为粮仓，上下层次间作居室；耳房底层作厨房、柴草房或畜廊，上层作居室。正房与两侧耳房连接处各设一楼梯，无平台，直接由楼梯依次登耳房、正房楼层，布置十分紧凑。

一颗印实例——昆明懋庐

一颗印式民居是由汉、彝先民共同创造，适用于昆明周边的山区、平坝、城镇、村寨等。

今一颗印式民居已日渐稀少，昆明现存实例为懋庐，坐落在昆明市东风西路吉祥巷，建于清咸丰年间。懋庐除保留了一颗印式的基本要素外，受晚清洋务运动影响，局部有引入西式建筑元素，如大门之门罩。

（二）云南大理白族合院式民居

如果说一颗印式为庭院类天井式民居的变体，则云南大理白族合院式民居为庭院类合院式民居的变体，分布于云南大理、洱源、剑川、鹤庆、姚安等地。云南省有众多少数民族聚集地，各族均有自己的文化传统与生活习俗，但与汉族文化也有着千丝万缕的联系。白族建筑是白族先民与中原文化长期交流的产物，既有建筑文化传统上的承袭，也因自然环境、审美情趣上的差异，而保留下了明显的白族风格和地方特色。

比较北京四合院，白族合院式民居地处由北向南的横断山脉，宅院依山傍

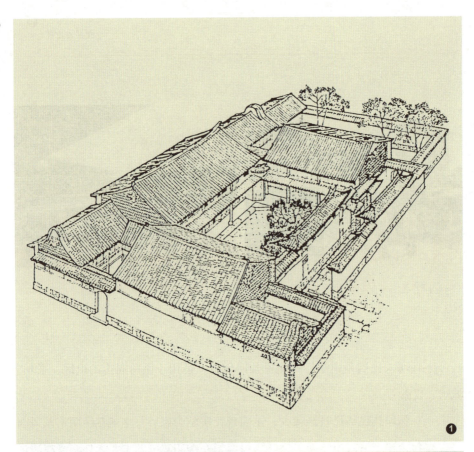

①. 白族民居示意图
②. 白族四合院及周边环境
③. 白族四合院庭院
④. 白族四合院照壁

水，主房一般是坐西向东，而北京四合院则是汉族传统的坐北朝南；北京四合院的住房大多是一层的平房，而白族民居基本上都是两层。在建筑装饰、色彩方面，白族是崇尚白色的民族，故其建筑的围墙、照壁等都以白色构成建筑的主色调。

白族民居有"一正两耳""两房一耳""三坊一照壁""四合五天井""六合同春"和"走马转角楼"等三合院、四合院布局，大门大都开在东北角上而不直通庭院，并用照壁遮挡视线。宅院东北角启门的做法，似乎与汉族风水学做法有异而原理相通。其门楼极富装饰性，一般都采用殿阁造型，飞檐串角，再以泥塑、木雕、彩画、石刻、大理石屏、凸花青砖等组合成丰富多彩的立体图案，富丽堂皇而不失古朴大方。

白族四合院一般正房为三开间的二层楼房，筒板瓦覆顶，前伸重檐，呈前出廊格局。墙脚、门头、窗头、飞檐等部位使用刻有几何线条和麻点花纹的石块（条），墙壁常用鹅卵石砌筑。墙面用石灰粉刷，有时会画六角蜂巢装饰图案，山墙屋角采用水墨图案装饰，有时也仿效汉式山面屋脊雕饰而做悬鱼惹草纹饰。房屋构架采用汉式的抬梁屋架（明间）与穿斗屋架相结合的形式。

白族民居在宅院内多采用木雕装饰，手法娴熟，擅长作玲珑剔透的三至五层"透漏雕"，多层次的山水人物、花鸟虫鱼都表现得栩栩如生。木雕广泛用于格子门、横披、板裾、耍头、吊柱、走廊栏杆等，常见卷草、飞龙、蝙蝠、玉兔等各种动植物图案造型。如"金狮吊绣球""麒麟望芭蕉""秋菊太平"等图案极具本地民俗特色。

（三）云南丽江纳西族民居

丽江古城始建于宋末元初，地处云贵高原与青藏高原相邻处，自古为茶马

①.丽江大研镇纳西族民居
②.丽江西族民居街景
③.刘敦桢等考察之丽江民居速写稿

古道上的重镇。丽江古城依山而建,城内街道傍水而修,街巷之间多见桥梁,如锁翠桥、四方大石桥等,使得此地兼为山城与水城。古城内及周边大量的民居建筑在纳西族原始的井干式木楞房形式基础上吸收、融汇了汉、白、藏等民族建筑影响而形成，有鲜明的地方特色与和多民族文化共融的痕迹。

丽江纳西族民居建筑一般由单体两层或三层的木结构楼房组合成三坊一照壁、四合五天井、前后院、一进两院、两坊拐角等形式的合院，尤以"三坊一照壁"式为典型，即主房一坊，左右厢房二坊、加上主房对面的照壁，合围成三合院；而"四合五天井"宅院也有相当数量，即由正房、下房、左右厢房四坊房屋组成四合院式宅院。

无论宅院格局采用哪一式，其正房、厢房都有高度上的差异，这一方面是使用功能使然：正房下层为堂屋和卧房，上层作储物间，两厢下层安排厨房、畜圈等，上层成为闷顶楼，多存放饲料，显然正房需要高些才实用。而功能上的高低落差，也形成了建筑组群的错落有致，与一颗印式民居异曲同工。相比白族民居装饰方面的华丽，丽江纳西族民居虽然也重视装饰，但风格较为朴素，墙面不做过多的彩绘，门窗木雕花鸟、琴棋书画等均作图案式处理，少见透雕等华丽手法。丽江纳西族民居的庭院一般占地较大，采用鹅卵石、五花石等组成图案铺地，适量种植观赏性花木。

丽江纳西族民居的构架也是抬梁与穿斗交叉使用，在悬山和木构架主要受力部位设有"勒马挂""地脚""穿枋""千斤"等具有拉结作用的构件，增强了构架的稳定性。

丽江纳西族民居在体型组合及轮廓造型上纵横交错，外观朴素而不失轮廓优美，与远山近水组成了一幅典雅大方的画卷。

（四）青海庄窠

青海东部沿湟水和黄河一带的湟中、湟原、大通、互助、西宁、乐都、民和、化隆、循化等地为青藏高原海拔较低的地带，称为"河湟谷地"，汉、藏、回、土、

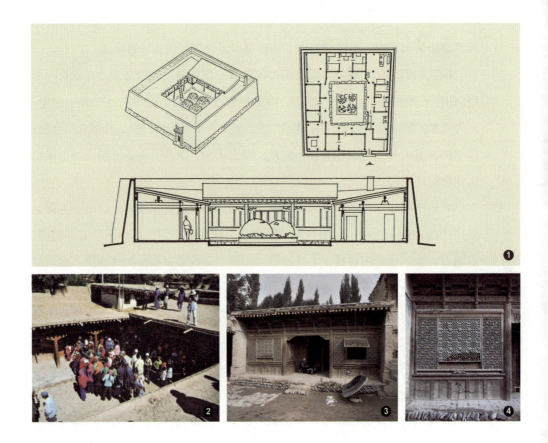

①.青海庄窠示意图
②.青海土族庄窠
③.青海撒拉族庄窠
④.青海撒拉族庄窠梁架窗棂雕饰

撒拉等民族均采用一种名为"庄窠"的民居建筑形式。

庄窠也是一种合院式住宅,但单体建筑不设两面坡屋顶,为平梁密檩式结构类型。其宅院平面为方形或长方形,有四合院、三合院和两面建房等几种形式,围以板筑黄土墙或土坯砌筑的庄墙。庄墙之墙体不设窗户,高度比院内屋顶略高,故远观如一座夯土堡垒。正房坐北朝南,藏、回、土、撒拉等民族的院门居中,而汉族庄窠往往将大门开辟在东南角，和北京四合院相似，又设风格朴素的门罩，也如北京四合院的门楼。院内附设车棚、草料棚、畜棚等，并在庭园内设有花坛，种植果树、花卉，形成生产性与观赏性兼备的公共空间。

庄窠以平房居多，极少有平楼结合的房屋，一般三间为一组，一明两暗，堂屋的屋内陈设一般是最好的，也是长辈的住房，一般由爷爷奶奶住。家境比较好的人家，在长辈去逝后，会将堂屋改为接待贵客的房间。堂屋两边的卧室是家里其他成员居住的，叫"乔也格"，陈设会比堂屋简陋些。如果家里人口多的话，会将乔也格隔成单间以满足住房需求。堂屋内沿庄墙对称布置家具。卧室的火炕顺窗或顺山墙布置，炕上放衣箱、炕柜、炕桌等，火炕和家具占居室面积的一半以上。房屋为木构架承重，平顶屋面。下雨时屋顶不易被雨水冲刷，下雪时便于上房扫雪，以免屋顶漏水。屋顶也可作为庭院的补充，上面可晾晒粮食、干菜，架设木梯可上下屋顶。

大多数庄窠都有前廊，廊檐部位与窗户作重点装饰，以木雕为主。窗木窗棂格样式多样，汉族庄窠的装饰纹样与内地接近，而藏、回、土、撒拉等民族的窗棂则各有其民族特色。廊檐雕饰采用线刻、浅浮雕、圆雕、透雕等各种技法，一般不做漆面而保持木质本色。

总体上讲，回族庄窠以入门处砖雕、照壁之精美出名；土族庄窠有套庄和联庄的布局，庄墙高大；藏族庄窠房顶四角和门前有各色布幡飘扬，室内增加了小佛堂；撒拉族庄窠的房间进深较大，庄内多为一面或两面建房，其木刻雕饰最为考究。

（五）新疆阿以旺民居

新疆维地处西北边陲，地域辽阔，居民以信奉伊斯兰教的维吾尔族为主，

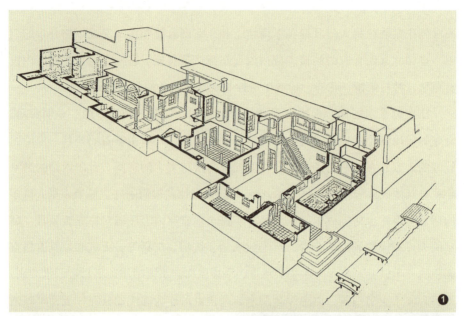

①. 新疆阿以旺式民居示意图
②. 阿以旺式民居庭院
③. 阿以旺式民居室内
④. 阿以旺式民居村落外观

其建筑风格受宗教、生活习俗影响，形成鲜明的地方特色和民族特色。

新疆属大陆性气候，气温变化很大，南部的南疆地区炎热少雨，主要以天山冰雪融水作为农业灌溉和生活用水。为适应于这种气候条件，这一地区流行一种土墙、平顶，宅院中有狭小庭院的住宅，称为"阿以旺"式民居，主要分布在塔里木盆地边沿的城镇、农村，包括于田、墨玉、民村、和田、莎车、喀什等地。

所谓"阿以旺"，即维吾尔语中的"夏室"，因院落中分夏室和冬室二部分而得名。其房屋结构形式采用土木结构，平屋顶，带外廊，前室为夏室，供起居、会客之用，后室亦称冬室，作卧室之用。阿以旺一般分前后院，后院主要用来饲养牲畜，前院做生活起居之用。院中常有水渠，会栽种葡萄和杏等果木，蔽日纳凉，又能有水果飘香。各室用井孔采光，既是保护了隐私，又能防风沙。其顶部在木梁上排木檩，厅内周边设土台，高出地面 50 厘米左右，用于日常起居。室内壁龛甚多，用石膏花纹做装饰，龛内可放被褥或杂物。墙面常用伊斯兰风格的壁毯作装饰。屋侧庭院，可设葡萄架等。前室又称"阿以旺厅"，是此类民居中面积最大、层高最高、装饰最好、最明亮的厅室。室内中部设 2~8 根柱子，柱子上部突出屋面，设高侧窗采光，柱子四周设有炕台，上铺地毯，为日常起居、就餐、待客、纳凉、夏日夜宿及妇女纺纱、养蚕、织毯、农忙选种等的辅助空间。

在建筑装饰方面，阿以旺式民居多采用石膏花纹作装饰，为维吾尔族民居最常采用的装饰手法之一，主要用于庭院前廊端部和室内外窗间墙壁等处，以花卉、植物、几何纹饰等作为边框陪衬，看上去像是一幅完整的装饰图画，又像是一幅镜框，此外壁炉的炉身、炉罩和檐口、内壁上缘也都用石膏刻花装饰。

阿以旺式民居虽造型、装饰等均不同于内地民居，但从设计规划原理上看，仍可视为庭院类天井式建筑格局，是我国多民族建筑文化相互影响的产物。

七 傲立苍穹
以客家土楼为代表集聚类民居

无论是北京四合院、苏州园林，还是徽派民居、云南"一颗印"，基本上是以一户人家为设计单位的。虽然有多户合用的所谓"大杂院"，但那是日后的变化，而不是设计初衷。而闽西、闽南、赣南、粤东一带的土楼、围屋、五凤楼、围垅屋、杠屋等客家民居，则在建筑之初就是为了一个大宗族范围内多户人家合住的，故当今一些建筑史家称其为"集居类民居"，其中最具代表性的前二者——闽西南土楼与赣南围屋——又曾被归入"土围子"行列。这类掩藏在崇山峻岭之中的奇特建筑在有限的空间内构筑了一个完整的社会体系、生活场景，记录着一个被称为客家人的组群延绵千余年的迁徙历程。

客家土楼以福建龙岩永定、漳州南靖二地遗存最具代表性，其平面呈方形、圆形、八角形和椭圆形等的土楼达八千余座，规模之大，造型之美，为客家民居之冠，已于2008年被列入《世界遗产名录》，而赣南围屋等也各具风采。

①. 福建南靖田螺坑土楼群
②. 赣南围屋

（一）客家土楼、围屋漫笔

在我国形形色色的传统民居中，早在晚清民国时期，北京四合院、苏州园林式私宅、广州三堂式宅院、福州三坊七巷人家等传统民居即引起了一些域外人士注意的。如鲁迅先生所译的鹤见佑辅著《思想·山水·人物》，这位日本作家描绘了一番北京四合院生活场景之后，慨叹其"……**有我们日本人难于企及的'大'和'深'在。**"比较起来，分布于闽西、闽南、粤东、赣南等地的客家土楼，外人被发现的时间相对较晚，但也很有趣。

相传上世纪70年代初，中美尚未建交，有一天美国总统接到美国防部的一份秘报，说是卫星侦察到在台湾海峡对岸的福建西南山区有大量的核导弹发射基地。其实，这个空中俯视如发射基地的建筑群，就是福建永定境内的传统民居建筑——客家土楼，我国建筑界在上世纪六七十年代早已将其写入了正式出版的《中国住宅概说》《中国古代建筑史》等学术著作之中。

毛泽东也曾在著作中提到这类建筑物——土围子，但其寓意却不那么正面："**一九三六年，我们住在保安……那个土围子里的反革命就是死不投降**"，

怀远楼的楼中之楼

故很长一段时间内"土围子"一词成了"封建残余"冥顽不化的代名词。毛著所提的土围子,是指陕西省保安县境内的一处有夯土围墙的土豪宅院,而之所以这个称谓令毛泽东印象极深,却源自红军战史上更早的一次挫折:1932年6月,红军东路军团出征广东南雄,未料在途经福建省武平县大禾乡一处土围子时遭遇阻击,红四军军长王良饮弹阵亡。这一历史事件也从侧面反映出这类客家民居的军事防御能力。比较起来,大禾乡的土围子比保安县的土围子更为坚固,也比云南"一颗印"式民居规模远为庞大,正是闽西南土楼或赣南围屋一类的客家民居。

为什么这类民居建筑要有如此突出的军事防御功能呢?客家土楼的形成,有漫长的历史和复杂的社会背景,居住于此的人也不仅仅是土豪劣绅,占多数的还是普通百姓。

自西晋末年至南宋时,历近千年,相继有中原一带百姓因战乱、饥荒等各种原因,辗转万里,迁居至闽粤赣三省交界处,形成了我国历史上非常独特的客家民系。这批客家人在新的栖息地需要面对自然环境和社会关系两方面的挑战：山区或深山密林之中的野兽出没、原住民的袭扰、盗匪劫掠等，需要迁徙者团结互助、同心协力去共渡难关。因此，客家人所到之处，本姓本家人总要聚居在一起。于是，他们选择了同姓同族的各家既有相对独立空间又更便于共同生活的集居类建筑形式——土楼、围屋等。当然，在日后的生活中，建造这类建筑者，也不完全是客家人。

这类民居总的特点可归纳为：依山就势，依照传统建筑规划的"风水"理念合理布局，巧妙地利用山间狭小的平地和当地的生土、木材、鹅卵石等建筑材料，以厚重的夯土墙壁形成平面为圆形或方形的三至五层的围楼；适应聚族而居的生活和防御的要求，楼内由几十户乃至上百户人家共同生活，具有完备的军事防御设施。可以说，客家土楼、围屋自成体系，具有节约、坚固、防御性强的特点，是将极富美感的木结构与坚固的夯土技术相结合的高层民居建筑类型。还应注意到：客家人原本都是中原望族，即使后来迁徙到蛮荒之地，仍然非常重视家族传承和文化教育，所以每一座土楼都会有一个自己的名字，这个名字通常出自家族祖训。每座土楼都会有祖堂，不仅是婚嫁、祭祖的地方，也是家族培养后辈的地方。

在外人看来，土楼或围屋最突出的是外立面之雄伟，并由此联想到这个圆形或方形的外墙面，必定向内合围出一个宽阔的内庭院，殊不知这个内庭院并不是空地广场，而往往布置着祖堂等"土楼中之土楼"，甚至会在科举昌盛的时期设立家族书塾，是整座建筑的文化核心。

（二）土楼、围屋的建筑构成及其生活场景

客家民居的代表为闽西南土楼与赣南围屋，土楼又分为圆形土楼和方形土楼。大体上，土楼类民居是**现存体量最大的、最成聚落规模的建筑组群；赣南**

①.圆形土楼内景
②.圆形土楼内侧回廊

围屋则外围墙体采用砖石材料,是更为坚固的堡垒式宅院。尽管这些客家民居在当地与非框架建筑风格差异较大,在全国范围内也显得特立独行,但深究起来,其文化内核实际上与汉族中原文化并无大的改变。这些原本中原望族的人家,经数千里迁徙合数百年上千年时光流逝,建造的房屋有外观的变化,但生活习俗与文化理念却恪守始终。

圆形土楼

一般以一个圆心出发,依不同的半径,一层层向外展开,其最中心处为家族祠院,向外依次为祖堂、围廊,最外一环住人。整个土楼的房间大小一致,面积约10平方米左右,使用共同的楼梯。

以常见的四层土楼为例,最外一层一般底层作厨房和杂物间,二层储藏粮食和其他重要物资,故底层与二层均不辟外窗,三层四层为起居室,三层一般向外开设窄窗(兼有射击孔和采光功能),四层设较大窗户(采光为主,兼作瞭望之用)。四层有时加设挑台,各层内侧以回廊相通,有公共楼梯。按一开间的一至四层为单元分配各户人家,人口多者可拥有两个单元。

环楼中央按总体面积大小，设单层的环形建筑 1~3 环，中央为祭祖、议事、婚丧典礼等公共空间，其与外环之间的房屋，仍按户数分配给各家作杂物间或饲养家畜。

圆形土楼的建筑结构为土木混合结构，厚达 1 米以上的夯土外墙为承重墙，与内部木构架相结合，并加设与外墙垂直的隔墙以增强整体的刚性。屋顶为环形两面坡瓦顶，出檐较大。向内一侧的门窗、回廊、楼梯等以木构件为主，用材较粗壮厚实，突出坚固性与实用性，不做过于繁琐的雕饰。一般圆形土楼开三孔大门，石拱券门框，厚木板门还会做包贴铁皮的防火处理，门上置防火水柜，一般不作门罩等装饰。

方形土楼

在布局上与圆楼相近，区别只在于平面呈方形或长方形，正门前又设附属房屋形成前院。从历史沿革上看，似乎方楼早于圆楼。

赣南围屋

围屋即四面合围起来的房屋，产生于明末清初，尚存 500 余座，主要分布在赣南龙南、定南、全南、信丰、安远、寻乌等地，广东始兴、连平等地也有分布，而广东南雄山区的围屋则非客家人所建。围屋外墙既是围屋的承重外墙，也是整座围屋的防卫围墙。从平面上看，围屋可分"口"字形和"国"字形两大类，主要是方围，也有部分圆形、半圆形和不规则形的。

围屋是一种集祠、家、堡于一体的客家民居（其他族群也有少量的仿效建造），具有坚固的防御功能和宗族群居的亲和性，一般为两三层，也有多至四层者，为悬挑外廊结构。较大围子内部还建有祖厅，更大的则是多层的套围。

①. 方形土楼内景
②. 赣南围屋实例——关西围

　　围屋外墙也如土楼一般厚，可达一米以上，但多不是夯土墙，而以河石、麻石、青石、青砖构筑，有的甚至厚达两米。围屋顶层设置枪眼炮孔，四角构筑有朝外和往上凸出的多样的碉堡，有的在碉堡上再抹角悬挑单体小碉堡以消灭视线死角。除少数大围外，一般只设一孔围门。其门墙特别加厚，门框皆用巨石制成，其大门为包钉铁皮的厚实木板门，板门后多设闸门，闸门后还设重便门，门顶还设漏以防火攻。围屋顶屋多为战备用，并取墙内侧 2/3 墙体作环形夹墙走廊贯通围屋四方，方便战时之人员机动。围屋内部粮仓、水井、排污道等一应俱全，并掘有水井，多辟有粮草贮藏间。有些围屋以蕨粉或用糯米粉、红糖、蛋清等调和成涂料粉刷墙壁，在久困缺粮之际可以剥下这些涂料充饥应急。

客家土楼、围屋在其产生的时代无疑为高层建筑，防卫功能突出，且成组成群形成聚落，夯土或砖石外墙面极富质感，置身于峰峦起伏的自然环境之中，视觉形象极为健硕，给人以傲立苍穹的壮美之感。

（三）土楼、围屋览胜

土楼、围屋等客家民居建筑早已闻名海内外，其中佳作妙构不胜枚举。

承启楼

被尊为"土楼之王"的承启楼位于福建省永定县高头乡高北村，据传自明崇祯年间奠基，至清康熙年间竣工，经三代人逾八十一年的苦心经营，才得以完成。相传在建造过程中，凡是夯墙时间均为晴天，承启楼人有感于老天相助，所以又把承启楼称作"天助楼"。当地至今一则生动的民谣："**高四层，楼四圈，上上下下四百间；圆中圆，圈套圈，历经沧桑三百年。**"承启楼直径73米，走廊周长约230米，全楼为三圈一中心。外圈建筑四层，每层设 72 个房间；第二圈二层，每层设 40 个房间；第三圈为单层，设 32 个房间，中心为祖堂，全楼共有 400 个房间，3 个大门，2 口水井，整个建筑占地面积约 5376 平方米。

永定承启楼

全楼约 60 余户，400 余人。承启楼以其高大、厚重、粗犷、雄伟的建筑风格、庭院内丰富而有条不紊的功能安排，以及自身深厚的历史文化传承，实无愧于"土楼之王"美誉。1986 年中国邮电部发行一组中国民居系列邮票，承启楼即为福建民居的代表。

其实，永定县境内有数千座方形、圆形土楼和多个土楼形成的古村聚落，已经形成一个世间罕见的大面积文化遗产组群。如：被称为"土楼之王"的承启楼，被称为"土楼王子"的振成楼，另外，深远楼为最大圆楼，遗经楼为最大方楼，裕隆楼被称为仙山楼阁，振福楼称秀丽端庄，光裕楼有古朴神韵，如升楼是小型土楼中的精品，环极楼是防震巨堡，衍香楼是书香门第，福裕楼是显宦府第，奎聚楼颇具宫殿风彩，而馥馨楼据说年代最久远……另有大塘角村大夫第为五凤楼式民居的上乘之作。

田螺坑土楼群

位于福建省南靖县书洋镇上坂村的湖岽山半坡上，为黄氏家族聚居地，由1座方形（步云楼）、1座椭圆形（文昌楼）和3座圆形（和昌楼、振昌楼、瑞云楼）共5座土楼组合而成。有专家分析，五座土楼之间采用黄金分割比例2:3、3:5、5:8建造，而史学家、地理学家称这五座土楼分别代表《周易》所说的金、木、水、火、土。此五座土楼或圆或方，以依山面水，布局错落有致，实系乡民凭借口传心授的传统营造经验，于不经意间创造出的建筑奇观。

相传，黄氏族人黄百三郎在清嘉庆年间从永定移居此地，利用谷深林密的地域优势，以养殖田螺起家，逐渐积累财富，最终成为一乡之望。今土楼群中的祠堂中央有祖先牌位，黄百三郎名列第一。据记载，五座土楼中最先盖起来的是方楼，雅名"步云楼"。"步云楼"建成之后，黄百三郎的后代又环绕着它先后建起了和昌楼、振昌楼、瑞云楼三座圆楼和一座椭圆形的文昌楼。

联合国教科文组织顾问史蒂汶斯·安德烈称田螺坑土楼群是"世界上独一无二的神话般的山村建筑模式"。

和贵楼

又名山脚楼，位于福建省南靖县梅林镇璞山村，方形土楼。当地人总结和贵楼有"四奇"：一是高达21.5米，为周边土楼之最；二是如此高的建筑，竟然建造在沼泽地上，当初曾用200多根松木打桩，屹立二百余年；三是楼内有两口相邻水井，一水质甘甜、清澈，另一则浑浊不堪，称"阴阳井"；四是此楼布局为楼包厝，厝包楼，庭院中心建有三间一堂式宗族书塾。

此书塾在民国初年顺应时代潮流，率先实行新式教育，甚至引起了国民政府主席林森的关注，特颁"兴学敬教"匾牌。

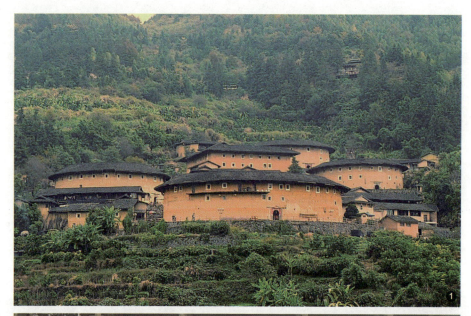

①. 田螺坑土楼群近景
②. 南靖和贵楼

①. 南靖怀远楼中心斯是室屋脊装饰
②. 龙南县燕翼围外观一角
③. 龙南县燕翼围内景

怀远楼

位于福建省南靖县梅林镇坎下村,为简氏家族住宅,建于清宣统年间,双环圆形土楼,圆中有圆,风格别致,是中型圆土楼的代表,也是建筑工艺最精美、保护最好的双环圆形土楼。庭园中心建有"斯是室"族学,取刘禹锡《陋室铭》"斯是陋室,惟吾德馨",书香四溢,与外围墙所设四个瞭望台及大量的射击孔,形成文武对照、刚柔相济的别样天地。

燕翼围

位于江西省龙南县杨村镇鲤鱼寨下,为清代早期杨村富户赖福之所建,是赣南围屋的代表性遗存,名曰"燕翼",用《诗经·火雅》"贻厥孙谋,以燕翼子"的掌故,藉此祈望子孙平安持久。

全围以大门和厅堂为中轴,正门向东,是座四层楼高的砖木结构方形围屋。墙上布满火枪眼,东南西北四座炮阁交相呼应,可形成无射击死角的火力网。

外围房屋高约14米、宽约32米，总占地面积1368平方米。每层对称建房34间，共136间房，各层有骑楼回廊相通。卧室、仓房、过道、回廊、门窗、楼梯等疏密有致、通风讲究、采光合理。一层为膳食处，二、三层为人居住，四层为设有58个枪眼的战楼；围门有三层，门口有一口生活用井，围内有两口暗井，一为水井，一为粮库井，平时以土掩盖，战时启用。四面高墙是封闭建筑，只留底层一条大门出入，墙根离地约一尺多高处，有一喇叭形漏斗，用以排污。

燕翼围布局科学、结构严谨、防御得当，战时是坚固堡垒，平日是多功能民居，表现了客家人的智慧和力量，具有不藉装饰的建筑本体之美。1941年，时任任赣南行政公署专员的蒋经国曾慕名造访燕翼围，对300多年前能在深山里建起如此高大壮观的民居倍加赞美。此外，赣南地区现存围屋500余座，除燕翼围外，磐安围、龙光围、关西新围等也极为出色，构成了奇异的客家民居人文景观。

（四）五凤楼、围垅屋、杠屋漫笔

除圆形土楼、方形土楼和赣南围屋外，客家民居还有五凤楼、围垅屋和杠屋等三种形式。

五凤楼式客家民居

也以福建永定留存较多，一般选址于山坡面南处，南北中轴线自下而上，沿山麓缓坡向上建下堂、中堂、上堂，以主要建筑上堂统领全宅院布局。轴线两翼横屋也对应着中轴建筑渐次升高，其重叠的三角形山面左右对称，形成完

①.永定大塘角村大夫第全景
②.永定大塘角村大夫构架雕饰

整的平面、立面构图。这种建筑格局近似福建、广东等地的三堂式民居，但其规模、单体建筑体量等都大为扩张，适应于宗族集居，也与自然环境相契合。与土楼等相似，五凤楼也不着力于装饰细部（尽管较之土楼、围屋等要精细一些），而以各建筑的大轮廓线组成雄浑古拙的整体造型。其代表作为永定高陂乡大塘角村的大夫第。

围垅屋式客家民居

又称为客家围客，亦写作"围龙屋"，也是在三堂式民居基础上加以变化的合族居住的集体宅院，始于唐宋，盛行于明清，主要分布在广东梅州、兴宁一带。

围垅屋的整体布局有如一幅太极图。其主体是堂屋，堂屋之后建造半月形的围屋，与两边横屋的顶端相接，将正屋围在中间，有两堂二横一围垅、三堂二横一围垅、四横一围垅、双围龙、六横三围龙等形式。

围垅屋多依山而建，形成前低后高、两边低中间高的双拱曲线。前为半月

①. 兴宁市磐安围
②. 杠屋式客家民居

形池塘，后为围垅屋，两个半圆相合，包围着正屋，恰如太极图之阴阳鱼。中轴线房间为龙厅，正对上堂祖龛，是存放公共物品的保管厅。在围屋与正堂之间有一块半月形空地，称"花头"或"化胎"。在正屋与化胎之间，开一深沟，作为围屋与正屋的分界，其主要作用为排水，以免正屋潮湿。

在中轴线上有上、中、下三堂。上堂为祭祀场所，中堂为议事、宴会场所，下堂为婚丧礼仪时乐坛和轿夫席位。上堂与中堂、中堂与下堂之间左右两厅，为南北厅，亦称"十字厅"，是公共会客厅。中堂与下堂之间靠横屋的正房为花厅，是本族子弟读书场所，内设小天井、假山、花圃等。

在建筑结构方面，围垅屋多数房屋为土木混合结构，部分厅房采用抬梁式木构架。今存梅州市梅江区承德楼，梅县区世德堂、松源庆裕楼、兴宁磐安围，平远林家丰泰堂等为代表作。

磐安围

位于兴宁市叶塘镇河西村麻岭顶东麓，由刘姓家族于清光绪年间兴建。磐安围坐西向东，为三堂四横围垅屋布局，总建筑占地面积达5060平方米。以夯土墙和木石构架承重，灰瓦硬山顶，中轴部分为三堂屋四横屋，横屋后面是半月形围垅，堂屋前是长方形禾坪，禾坪前有半月形池塘。中轴建筑为方形厅堂，厅与厅之间以天井相隔，大小天井共21个。四周建有角楼。磐安围共有房间122间，厅堂两边有南北厅、书斋、厢房、花厅、居室、浴室、厨房等。半月形的围屋联结横屋，内为花头，其间镶嵌有"五行风水石"。正对中轴线的围垅顶端中间为作祭祀之用的龙厅。所有天井、台阶、夯土墙转角处及大部分门框都用麻石条块加固、铺垫。在围垅屋两边还建有碓间、牛舍、猪栏、马厩、杂物间、卫生间等，实现了人畜分居。围垅屋外层设有明暗射击孔，在四角楼最高处设瞭望孔。屋后有山泉水，采用暗井、暗渠直通屋内。

杠屋式客家民居

分布于粤东、粤北一带,其平面纵向排列房屋,组成供全族人使用的集合式民居。其列间房屋为狭长天井庭院,每列前三间合为一个天井,居中为本列住户的厅堂,供家族议事、聚会,相隔一道矮墙,天井院后为住户用房,一般为两层,下层厨房,上层起居。这类民居每列宅院的平面布局十分紧凑,按全族住户数量,可有不同的整体规模,如四杠屋、六杠屋等。叶剑英的梅州故居即为一处杠屋式民居。据说抗日名将薛岳将军的韶关故居,在未做西式改造之前也为杠屋。

五凤楼、围垅屋和杠屋这三式民居也有防御功能,但相比土楼、围屋等,已大为弱化了,似乎说明这三式民居是社会秩序较为安定时期的产物。

八 道法自然
黄河中上游两岸的窑洞奇观

窑洞，今甘肃、陕西、山西、河南、河北、内蒙古以及宁夏等地均有留存。这种历史上曾有5000万住民的民居是先民注重人与自然和谐相处的建筑范例。但在很长一段时间内，它被认作是"简陋、贫穷、卫生条件差"的原始民居。

抗战初期日军飞机曾轰炸延安，延安古城城楼等也确实被击中，但那里的中共中央机构、八路军驻军、医院、兵工厂等，却因隐居窑洞而安然无恙，令日军决定不再作此徒劳行动。不仅如此，在山西境内，一如阎锡山指挥忻口会战时建造的窑洞式弹药库、指挥部，八路军指挥平型关战役的战地指挥部也选择一处窑洞；而远在千里之外的陪都重庆，除窑洞式防空洞、兵工厂外，一些新闻机构也在窑洞式防空洞内保持了与国际社会的联系。说中国的窑洞为赢的世界反法西斯战争的胜利作出了重大贡献，也绝非虚言。

其实，窑洞世界不仅仅是贫民的栖身之地和战时的防空洞，更积淀着千年文化底蕴、演绎着各时期各地区丰富多彩的文化生活。

（一）窑洞溯源

有关窑洞式民居的起源，尽管容易让人联想到史前氏族公社时期的穴居，但二者并无直接的联系。接近于现存窑洞的历史记录，最早是在北宋。刘敦桢先生在其《中国住宅概说》《中国古代建筑史》等著作中都指出："河南、山西、陕西、甘肃等省的黄土地区，人们为了适应地质、地形、气候和经济条件，建造各种窑洞式住宅和拱券住宅。"这里所说的"拱券住宅"，指并不利用黄土层开凿窑洞，而在平地上以砖石土坯等材料建造拱券结构的仿效窑洞式样建筑。这也反映了一个事实：建造者与居住者喜爱窑洞式样，认为窑洞是很有美感的建筑物。

唐代诗圣杜甫出生的河南巩县（今之巩义市）正是窑洞的密集区，早期的建筑史选用过那里的多处实例，至今远近知名的康百万庄园中也是有相当部分为窑洞建筑。此外，1937年七七事变前夕，建筑史家梁思成、林徽因、莫宗江等，在山西五台山发现唐代木构建筑杰作佛光寺，这是建筑历史研究上划时代的大事件，但可惜当时发现者兴奋之余，没有对佛光寺大殿脚下宽敞明亮的清代窑洞多加留意，故日后也无从纠正刘敦桢先生"窑洞采光不足"的片面认识。

现存窑洞的起源，主要是缘于元代以后社会经济、人口和自然条件的变化所致，如人口之剧增使得人们不得不节约耕地资源，而木材资源日渐匮乏，也迫使人们选择更节约木料的建筑材料。在建筑形式的选择上，窑洞式民居未尝没有可能仿效自魏晋时期以来在本区域盛行的佛教石窟的样式——甘肃、山西、河南、河北、宁夏等地均存相当数量的魏晋至唐宋时期的石窟寺，陕西的延安地区也有宋代石窟留存。

为什么窑洞出现在黄土高原，而不是出现在华南、江南等地区？实际上，窑洞式民居在其所覆盖的区域内，是与其他样式民居并存的，大致在西安、洛阳、

①. 延安窑洞——八路军后方医院
②. 平型关战役指挥部
③. 延安窑洞——毛泽东旧居
④. 延安窑洞——毛泽东旧居内景

太原、大同等较大城市中，习见的北方四合院式大中型宅院并不少见，窑洞更流行于乡村和县镇。这一点，恰恰点明了窑洞产生的缘由：首先是中下层民众需要一种能够以较小财力建造起来的栖身之地；其次，耕地资源日渐萎缩，木材等传统建筑材料资源也日渐匮乏，需要有一个最可节约耕地与树木的建筑形式。黄土高原大面积的黄土层，为解决这两点生存环境变迁的困境提供了可能：地表最大限度为耕地，土层之下芸芸众生安居乐业。

面临同样的生存挑战，其他地区没有黄土层资源，而作它种选择，如增加楼层等。也正如徽州民居等在资源匮乏的情况下，创造了小天井庭院，黄土高原起初无奈的选择，却成就了十分独特的建筑之美——天人合一般的生活图景。

（二）窑洞建筑构成及其生活场景

窑洞建筑被称为绿色建筑。据历史记载统计，窑洞居民总数最高曾达 1 亿人以上，目前窑居者仍有 4000 万人之众。建造窑洞的过程可分三个基本步骤：

一是选址挖地基。选择合适的崖面或土层，将崖面铲平并预留、划定窑前院的范围，欲挖的窑洞位置及前院选定之后，要将窑洞外立面修理平整，称为"刮崖面子"。此工序虽是初步，但能者可在黄土崖面上刮出突出土层质感的线图的图案。

二是打窑洞。即在崖面纵深开掘隧道。按照结构力学要求，隧道必定以上部为拱顶最坚固安全。故窑洞的洞口（正立面）一般为半圆拱券，门内也一样，但加大了高宽，并按需要向两则开掘侧室。侧室可在崖面处开凿窗户，可为圆弧拱券或矩形上加圆弧拱券。

三是扎山墙、安门窗。一般是门上高处安高窗，和门并列安低窗，一门二窗。门内靠窗盘炕，门外靠墙立烟囱。也可按需要和财力允许情况，门窗处内套砖石拱券，崖面补砌砖石墙面。

现存窑洞分靠崖式窑洞、下沉式窑洞和独立式窑洞（即刘敦桢所谓"拱券住宅"）三种形式。

靠崖式窑洞

又称靠山窑、土窑，它是在黄土断崖壁上向内开掘券顶式横向洞穴，一般窑洞宽 3.3 米、高 3.6 米、深 6.6 米左右，可并列二孔或三孔以上隧洞，可各窑独立使用，可二孔窑洞一侧为门厅，一侧为居室；还可三孔以上者居中为门厅，门厅两侧再开掘侧门贯通左右侧室。根据土层高度及土质情况，可一处崖壁一

①. 巩义窑洞——被指认的杜甫出生地
②. 山西太原天龙山北齐石窟
③. 佛光寺脚下的窑洞内景
④. 佛光寺及脚下窑洞全景，梁思成摄于1937年6月

字排开数孔窑洞，也可根据崖壁曲折情况，两面开掘曲尺形或三面开掘凹字形的窑洞群平面布局，亦可上下开掘数排窑洞。窑洞正门前还可以土坯砌筑前院，或建其他式样房屋合围出三合院、四合院。

此种窑洞的室内布置比较灵活。以三孔并联窑洞为例，居中者可开掘较大，成为主起居室，两侧可储物或为次起居室；侧室安排起居，则开券窗较大以满足采光要求，窗下为土炕，而中室为较窄门道，仅为通道和灶房。门前开辟前院者，则将厨房、储物间安排院内配房。

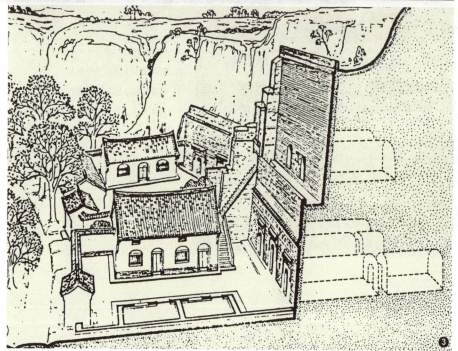

①. 山西王曲村曲尺型平面靠崖窑——正面窑脸
②. 山西王曲村曲尺型平面靠崖窑
③. 靠山窑洞透视图（刘致平绘）

下沉式窑洞

又称平地窑，分布于豫北、陇东、晋西南、陕西关中等干旱地带，黄土层厚而又无断崖可利用的地区。自平地向下挖掘出一片人工谷地，再向谷底四周的人工崖面开掘窑洞，形成以四面窑洞组成四合院落，北窑为上房，东西窑类似四合院之厢房，南面安排入口和畜圈、厕所等。另有一些峡谷地带，窑洞形式介于下沉式窑洞于靠崖窑式窑洞之间者。

这种窑洞式四合院深藏于地平面以下，十分隐蔽，故民谚有"院落底下藏，窑洞土中生"、"上山不见山，入村不见村，只闻鸡犬生，院落地下存"云云。此式窑洞尽管地处干旱、半干旱地带，但毕竟地处低洼，排水功能也是很重要的，一般临近冲沟者在院落中设排水沟将积水引向冲沟，否则会于院落之中掘挖渗水井聚水渗泄。有些缺水地区则设水窖存水日用。从这一点上说，平地窑不仅节约耕地，也是水资源的合理使用。

独立式窑洞

又称锢窑，即刘敦桢先生所称"拱券住宅"。即在平地上用土坯、砖或石等发券建造的仿窑洞式建筑。其室内空间为拱券形，与一般窑洞相同，外观上在拱券顶上敷盖土层做成平屋顶，这样既利用土的重压有利于拱体的牢固，还可在平屋顶上晾晒粮食等，在建筑形态上也有与其他二式相似的朴素之美。锢窑在作为靠崖窑前院配房时，保证了建筑组群的整体风格之协调规整。另有一些锢窑建筑，下层为砖石发券锢窑，上层木构瓦房。巩义康百万庄园在靠近黄土崖壁的地方，就采用了靠崖窑与瓦房锢窑二者组合的营造形式。

锢窑在砌筑时不需要支模架，虽然建筑造价虽略高于靠崖窑，但比一般房屋低得多，其空间体积比同等面积的方形房屋要小 1/3，在节约能源方面具有

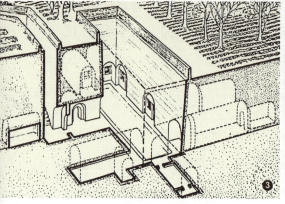

①. 平地窑——山西阳泉之百团大战指挥部
②. 王曲村北山窑洞废弃的扇门
③. 平地窑洞透视图（刘致平绘）
④. 五台山东冶镇平地窑

优势。锢窑在平地形成院落者,以山西太原、介休一带居多。也有一些独立不成院落的锢窑,如山西阳泉狮脑山之百团大战指挥部。

总的来说,窑洞式民居巧妙利用自然条件,具有冬暖夏凉、节约耕地资源的优点,在艺术风格上,突出黄土层的质感之美。而且,窑洞式民居覆盖面积如此之广,不同地区也有艺术风格的差异,如豫北中小型窑洞风格朴实,一般只在窑洞外墙面作平整处理或砖砌窑脸;山西民众素有"北方人里的南方人"之称,有历时久远的精工细作传统,其门窗棂格花样繁多,精细程度丝毫不输于苏州工匠;陕北窑洞大体上一如西北汉子般粗犷豪放,其门窗棂格也较简单,但陕北婆姨却以剪纸窗花为之平添几许柔情。

(三)窑洞览胜

窑洞本是元代以后的黄土高原百姓为适应环境变化而不得已采取的建筑形式,后衍生出一系列附属的装饰艺术,寄寓着人们对黄土地本身的眷恋:虽外部环境有变,但故土难移,无妨在任何境遇下不放弃对美的追求。

姜氏庄园

位于陕西省米脂县城东南桥河岔乡,建于清朝同治年间,系当地首富姜耀祖聘能工巧匠,用时16年兴建而成。庄园占地40余亩。整座庄园依山而建,自下而上分下院、中院、上院三层布局。第一层下院是陕北典型的窑洞四合院,硬山大门制作精细,为陕北罕见。

沿西南侧道路穿洞门达二层,即中院。中院坐东北向西南,中院大门为五脊六兽硬山顶,上书"武魁"二字,记录主人叔父曾中武举。入门后东面厢房对置,

陕北姜氏庄园

　　拾阶而上至上院，进入垂花门后可见陕北地区最高等级的"明五、暗四、六厢窑"式窑洞院落，穿廊抱厦，十字砖墙，东西对称，工艺精细。第三层上院，是全建筑的主宅，坐东北向西南，正面一线5孔窑洞，两侧分置对称双院，东西两端分设拱形小门洞，西去厕所，东侧下书院。整个庄院后设寨墙一道，中有寨门可通后山。

　　姜氏庄园三院暗道相通，四周寨墙高耸，对内相互通联，对外严于防患，整个建筑设计奇妙，工艺精湛，布局合理，是陕北罕见的大型城堡式窑洞庄园。

①. 康百万庄园之靠崖窑与锢窑结合处
②. 康百万庄园之靠崖窑与锢窑结合
③. 巩义康百万庄园赒饥碑
④. 康百万庄园窑洞内景

康百万庄园

又名河洛康家，位河南省巩义市，始建于明末清初。庄园背依邙山，面临洛水，有"金龟探水"之说，是全国三大庄园（康百万庄园、刘文彩庄园、牟二黑庄园）之一，又与山西晋中乔家大院、河南安阳马氏庄园马并称"中原三大官宅"。

它临街建楼房，靠崖筑窑洞，四周修寨墙，濒河设码头，集农、官、商风格为一体,布局严谨,规模宏大。总建筑面积 64300 平方米,有 33 个院落、53 座楼房,1300 多间房舍和 73 孔窑洞,分为寨上住宅区、寨下住宅区、南大院、祠堂区、作坊区、菜园区、龙窝沟、金谷寨、花园、栈房区等十余部分,是一座集"古、大、雅、美"于一体的恢弘建筑群,被称为"十七八世纪华北黄土高原堡垒式庄园建筑的代表",相传户主人以乐善好施赢得乡里的尊敬。

康百万庄园主宅区以黄土崖壁窑洞和锢窑建筑组合出北方四合院形式,并吸收官府、园林和军事堡垒建筑的特点。有的临街处建楼房,内里却是窑洞式构造;有的从外观看是窑洞,而里面又建有楼层,故曰"窑楼"。窑楼上下三层,由青砖砌成,既见当时康家的雄厚财力,也保留下了其对窑洞文化的眷恋。

碛口镇窑洞式民居群

碛口镇位于山西省吕梁山西麓,居黄河之滨的临县南端,古为军事要冲,在明清至民国年间凭黄河水运一跃成为我国北方著名的商贸重镇,为东西经济、文化之枢纽,素有"九曲黄河第一镇"之誉。

此地为窑洞式民居密集区,古镇范围内之古街区、李家山村、西湾村等均堪称一方名胜。与陕西姜氏庄园、河南康百万庄园集中展示大户豪宅不同,山西碛口古镇的传统民居在建筑品质上囊括了上中下各阶层的居住状况。

碛口古街区以街市建筑的鳞次栉比一展繁华商埠面貌,其中四合堂(今改为碛口客栈)等既有窑洞民居的质朴之美,又在装饰方面集中当地工匠之妙手,更与汹涌的黄河组成一幅色调沉稳的画卷。

李家山村坐落在沟壑纵横之乡野,数百孔窑洞漫山遍野,初看似杂乱无章,细辨则知其依山就势,上下重叠,或本色质朴,或精心雕饰,各类宅院分布多达九层,彰显北方农民"人定胜天"之豪气干云,成就了令今人迷恋的黄土山村。其中东财主院、西财主后地院、桂兰轩等为精品佳构,其建筑形式多以靠崖窑

①.山西临县碛口古镇四合堂院内

②.碛口李家山村窑洞一角

③.碛口李家山村窑洞细部

④.碛口李家湾陈家大院

与锢窑式房屋组成四合院,砖木雕饰甚为华丽。

西湾村临河而建。村中的陈氏家族依靠船运发迹,历经明末到民国300年历史逐步修建成一村落。西湾村依山面水,村内有两横五纵七条小巷,形成黄河岸边古宅村落的独特景观。现保存完好的有四十多处院落,院院相通、户户相连,均匀地把各处院落串联起来。楼房院墙不拘一格,样式多变,错落有致,与周边环境十分和谐,防盗、防火、排水、泄洪等各种设施配置十分精妙。这里的一砖一石一木都洋溢着浓浓的传统文化气息,各种雕刻构思精巧,尤其以锢窑院落为碛口镇之翘楚。

新疆吐鲁番土拱房

（四）新疆吐鲁番土拱房

新疆吐鲁番地区流行一种土拱房，少用发券式门窗窑脸并带有伊斯兰建筑痕迹，在木材资源较少的干旱地区，以土坯和砖石为材料，充分利用地形，追求不同季节、时间的隔热、保温、通风功能和质朴的艺术风格。

土拱房是民居为单层或带半地下室的两层楼建筑，用土坯砌筑半地下的筒拱以隔热，砌花砖墙以通风，室内拱顶中心开一方形小天窗供室内采光。其花砖有低调的装饰效果。

九 生生不息

形式多样的独幢类、移居类民居

　　无论是北京四合院、苏州园林、客家土楼,还是徽州民居、云南"一颗印"、黄土高原窑洞,均有一个共用的庭院(合院式、天井式等),而独幢类民居——"将生活起居的各类服务集合一起,建成单幢建筑物的民居类型"(建筑史家孙大章语),包括藏羌碉房、巴东夯土楼、井干式木屋等,以及更为独特的移居类建筑——"族群因以游牧、狩猎、捕鱼为生,故须建造一种可以随生计而能随时迁移的居所",如蒙古族毡包、藏族帐房、大兴安岭撮罗子、疍民水棚与疍民舟居等,却是没有共用庭院的。这些风格各异的民居建筑在地理分布上各居边陲或荒野、山林,彼此之间相距千万里,有着一个共同的存在缘由:如何在并不优越的自然环境、历史背景中寻求安居。

（一）藏族碉房

西藏、青海一带，以藏传佛教的宏伟殿堂著称，而其民居建筑——藏式碉房，也相应地展示了汉藏文化交融一体的艺术风格。以拉萨地区为代表的藏式碉房，其辐射范围远及藏、羌、汉族混居的四川阿坝地区。在青藏高原，低于4000米海拔的地区即可视为宜居区域，那里阳光充足但空气稀薄、日温差较大，有些地方森林茂昌，有些地方远离河流，有些地方适于种植青稞等农作物，有些地方只宜放牧。在川藏、川青交界地带，历史上多有战事、匪患。因此，这里总体上流行一种具有遮阳、通风、隔热、御寒、军事防御诸多功能要求，并且建筑材料易得的建筑形式——藏羌碉房。

拉萨碉房

藏羌碉房可以西藏拉萨地区的藏族碉房为范式。拉萨碉房一般外观是由石材建造的二三层平顶小楼组成单幢建筑物，也可合围简单的院落，其平面不追求轴线对称，而是依照地形和生活实用功能灵活构图。以石砌的外墙体承重，室内以进深、面阔均为2.2米左右为模数，组成正方形格子柱网。从外观上看，外墙体自下而上有明显收分，形成敦厚的视觉效果，而内部墙体则保持垂直，既使上下层房间的面积相等，又减轻了上层之墙体自重。

传统的碉房在建筑过程中不立杆、不挂线，完全依靠藏族工匠的经验与技巧掌控。在使用方面，藏族碉房的起居室、卧室、储物间、厨房等齐备，而供奉的佛龛占据房间最好朝向。拉萨碉房属石材、木梁柱混合结构，局部的窗门、栏杆等借鉴汉式建筑的装饰图案，用以表现藏传佛教教义为主要内容，展示着各界人士的人生理想和社会生活准则。

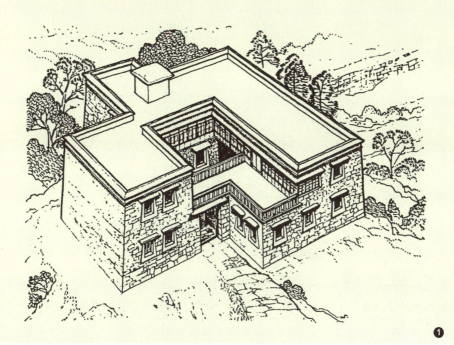

  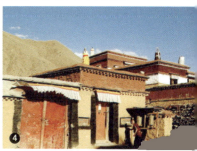

①. 西藏碉房示意图
②. 拉萨八角街街景
③. 拉萨民居街区近景
④. 西藏乡村民居

    拉萨市内的碉房不设畜圈，乡村碉房将畜圈设在底层。民国以前的藏族贵族、领主会在主楼前用围墙圈出方形庭院，形成独立的庄园，经堂、仆役用房、浴室、车库、作坊等一应俱全，经堂占据居室的最高位置。无论在市区、村镇，以碉房组成的居民村落、街区内，均有较民居更为高大的佛寺建筑。

    西藏、青海二省区的碉房民居大致面貌相似，而四川省阿坝藏族羌族自治州、甘孜藏族自治州地处青藏高原东南边缘，与四川盆地相邻，是嘉绒藏族、木雅藏族二大分族群的集居区，其碉房式居民多建于山腰台地及河谷平原边缘地带的向阳山麓，除保持青藏地区碉房的外貌外，又更多结合了汉式木构架以及装饰图案，至甘孜南部，甚至出现了以木构架为主的碉房。四川甘孜地区在历史上曾有匪患、部族叛乱等事件发生，如清乾隆年间的"平叛大小金川之役"，故军事防御功能要求较他处更高，因而嘉绒藏族地区多为四层以上碉房，并仿效羌族的建筑做法、样式，在大型庄园、村落中加建高耸挺拔的用于军事瞭望、防御的碉楼。此地碉楼为块石垒砌，平面有方形、八边形、凹身六边形等多种，高度可超过40米。

甘孜地区的碉房一般底层不设外窗，为畜圈和草料房，二层以上为生活区。距离马尔康县城约16里的卓克基土司寨，可称阿坝地区主要的建筑文化遗产。

卓克基土司官寨

因寨主于清乾隆十五年（1750年）随征大金川有功而擢升长官司职，卓克基土司官寨既是土司办公的衙门，也是土司及其家眷生活的地方。现存官寨始建于1918年，1936年毁于大火，1938年由第16代土司在原址上进行重建。1935年红军长征期间，毛泽东等曾在此居住一周，发现寨中"蜀锦楼"有丰富的藏书，包括一套线装《三国演义》，曾感叹："古有郿坞，今有官寨。"

整个官寨坐北朝南，由四组碉楼组合为封闭式四合院（这一点在青藏高原地区很罕见，留有汉式合院布局的痕迹），占地面积1500平方米，有厨房、经幡房、社稷房、银厅房、酿酒房、衣饰房等各类房上百间。其建筑规模之庞大，外观之雄浑，构造之精巧，集嘉绒藏族碉房建筑与汉藏羌各类装饰艺术风格于一体，融世俗与宗教建筑理念为一身。官寨分东、西、南、北四幢楼，每层楼都采用汉式回廊，回廊外用汉式花窗与嘉绒式窗花做装饰。整栋建筑有石砌外墙，内部结构却为穿斗式木构架。四楼、五楼为原建筑宗教用地，有文经堂、红教殿、黄教殿、长寿殿、狮面空行殿、禁食斋、僧人住房等。

①.卓克基土司官寨
②.卓克基土司官寨土司夫人起居室
③.卓克基土司官寨五层走廊及经堂

（二）羌族碉房

同在四川阿坝地区，岷江上游河谷地带为羌族集居区。其地海拔在1500米上下，低温少雨，故同为碉房风格而村落建筑物较嘉绒藏族建筑要低矮一些，但也常见高达40米的碉楼。羌族碉房一般为二三层的平顶房屋，外墙体为片石垒砌或夯土筑就，内部为木柱梁枋构架。底层为畜圈，上层人居。因其宗教信仰多为原始拜物教，没有经堂设置，而在正房正中墙壁上供奉祖先牌位。屋顶四角、院墙拐角等处砌有白云石，象征羌人崇拜的白石神，同时增加了建筑的装饰性。现存理县桃坪羌寨、汶川县萝卜寨为典型。

四川阿坝藏羌碉楼

①.桃坪羌寨全景
②.桃坪羌寨近景
③.桃坪羌寨街景

桃坪羌寨

　　理县的桃坪羌寨位于杂谷脑河畔，拥有完整的羌人碉楼和碉房村落，以其完善的地下水网、四通八达的通道和碉楼合一的迷宫式建筑群落，被誉为"羌族建筑艺术活化石"。据史料记载，寨子始建于公元前111年。桃坪羌寨以古堡为中心筑成了放射状的八个甬道，构成迷宫般的路网。寨内碉房相通，外墙用卵石、片石相混建构，斑驳有致，寨中巷道纵横，保留了远古羌人居"穹庐"的习惯。民居内房间宽阔、梁柱纵横，一般有二至三层，上面作为住房，下面设牛羊圈舍或堆放农具，屋内房顶常垒有一小塔（白色卵状石），供奉羌人的白石神。堡内的地下供水系统也是独一无二的，从高山上引来的泉水，经暗沟流至每家每户，不仅可以调节室内温度，也是消防设施，一旦有战事，还是避免敌人断水和逃生的暗道。

汶川县萝卜寨

　　汶川萝卜寨位于雁门乡境内之岷江南岸山地，最早被称为凤凰寨。为什么

①.萝卜寨全景
②.萝卜寨街景
③.萝卜寨某废弃民宅供奉祖先牌位的室内

改名为萝卜寨?说法不一。其一是说,曾有一次外族入侵,寨主率众据险御敌,但敌人最终攻克村寨,并将寨主的头颅像砍萝卜一样砍下,后人为了纪念寨主,将村寨改名为萝卜寨。

萝卜寨建寨于冰水堆积的阶坡台地上,地势平缓、宽阔,是岷江大峡谷高半山最大的平地,在此可鸟瞰岷江大峡谷风光。萝卜寨是迄今为止发现的世界上最大、最古老的黄泥羌寨。全寨有1000多人口,碉房密集,并且是黄土夯筑墙体，室内为平梁密檩式构架，似乎与青海庄窠式民居有着某种历史渊源。

（三）巴东夯土楼

　　重庆地区有着4000多年的发展史，这里的民居建筑为适应当地的山地地形、暖湿气候的自然条件、工商农并举的社会形态，在崇尚儒学正统的同时，善于变通，多依山而建、凭水而居、"皆重屋累居"，形式多变而根基牢固，美学风格则刚正而不失生动。巴东碉楼是重庆地区民居建筑样式中的一种，在三峡地区的涪陵、南川、巴县和武隆等多山的偏僻地区分布密集，成为川渝境内碉楼留存最多的地区。因地处偏远，巴东夯土楼一向鲜为人知，近期有青年建筑史家舒莺等多方探幽，逐渐引起各方关注。

　　巴东区域位置处于交通要害地段。其中南川是黔北地区通往重庆主城的要冲，素称"黔蜀喉襟、巴渝险要"；涪陵则是乌江流域的物资集散地，有"渝东门户"之称，武隆自古以"渝黔门屏"闻名，目前也是"一圈两翼"的交汇点，位置都非常重要，地势险要加上远离政治中心。在战乱年代，这里既是移民迁入安身立业选择较多的区域，同时也是各种权利角逐的对象。

　　清末至民国年间，社会动荡，匪患成灾，导致此地多沦为"二不管""三不管"地段，土匪横行猖獗，穷家小户亦不能免，乡间大户则成为土匪抢劫的主要对象，修建碉楼民居为大势所趋。

　　川东碉楼与民居融合，在外形上完全吸纳了巴渝民宅简单清逸的特征，碉楼民居丧失了中原军事建筑坞堡、望楼的雄浑，也大大弱化了客家土楼追求的齐聚共屯的气势，更多地体现出普通民居的家常趣味，其内部构造近似客家土楼布局，但建筑明显偏小，满足"异居"背景下的小家庭住宅使用需求。巴东夯土楼以江津会龙庄和武隆县明月村碉楼为代表作。

①. 江津会龙庄
②. 会龙庄鸟瞰

会龙庄

  位于重庆市江津区四面山镇双凤场，清代庄园建筑。庄园坐西朝北，院落建筑面积2万多平方米，用328根大小石柱擎起主骨架，有16个小型院落，20余个大小天井，202间房，308道门，899个窗户，碉楼面积500多平方米. 满园亭台楼阁曾经雕梁画栋、绘彩描金。原有高高的围墙，容易被人攻入的部位均设三道围墙，每道间隔10~30米，内两道为土墙，外墙用石头砌成。石头外墙酷似长城，高4-5米，绵延数千米。墙顶上筑有巡逻用的步道，还分设若干处土堡用于防御外侵。

  "文革"时期，四面山大修水库，急缺石料，院墙被拆除。黄色碉楼保存完好，为"绿堃亭"。碉楼外形如塔，共5层38米，全土木结构，墙体厚度达0.5米以上，碉楼每层设有不规则的漏斗状枪眼和遮蔽式小窗，能上下左右封锁周边要道。每层木地板上贴黏土，既能防火隔离，又有隔音的功效，顶楼曾设风铃和信号灯。一层大门后还有一间密室，用于扼守碉楼大门，可谓是"一夫当关、万夫莫开"。其排水系统设计精良，即使下暴雨，院内也无积水。

武隆县明月村碉楼

　　川东民居建筑受礼制思想的限制和束缚较少，不拘法式，为适应复杂地形地貌，灵活多变而又用料精省，民居外观以"青瓦出檐长，穿斗白粉墙，悬崖伸吊脚，外挑跑马廊"为特色。川东碉楼虽为民居的附属部分，但其外观仍保持了这些特点，和民居形成统一协调的建筑风格，常见的构造是以青石为基，夯土为墙，素瓦出檐，占据的位置也时常多变，不拘一格。

　　作为一个单独的军事防御体，碉楼又在空间和结构上保持着与住宅的独立，具有自己的一些特征：夯土为墙、布局灵活、屋面工巧、挑廊灵活、墙体开孔。

①. 武隆明月村谭启谷宅
②. 武隆明月村田茂禄宅
③. 武隆龙汉云宅
④. 武隆龙汉云宅内景

民国末期，碉楼民居的设防功能逐渐减弱，建国之后防御作用完全丧失，巴南、武隆、涪陵、南川等地很多旧碉楼甚至被用作粮栈、仓库，而后处于闲置状态。上世纪七八十年代也有人在宅旁修建碉楼增加居住面积，在墙体上开门开窗的尺度大大增加，加上更为实用的回廊，赋予碉楼防御之外的休闲功能，成为川东乡间一种特殊的场镇风景。

川东碉楼是旧时自然农业经济与战争的综合产物，也是冷兵器时代的有效防御性建筑，和当时当地的技术、科学、经济水平一致的。随着社会的进步科技发展，碉楼的战略防御价值已不复存在，其衰败没落是历史注定的必然，逐渐淡出历史舞台也是社会发展的大势所趋。

（四）井干式木屋

井干式，亦称"井榦式"，即将圆木或半圆木两端开凹槽，直角搭接组合成矩形木框，层层相叠作为四周墙壁——实际是木承重结构墙。这种方式由于耗材量大，建筑的面阔和进深又受木材长度的限制，外观也比较厚重，应用不广泛，一般仅见于产木丰盛的林区。从另一方面看，井干式木屋具有就地取材，加工简单、快捷的优点，一日之内即可竣工。这也是一种全球范围内森林茂盛地带的通用建筑形式——至今在北欧、北美等地的密林深处，仍可看到它的踪迹。

井干式结构很可能在我国夏商周时期就已存在，是中国古代成熟的木结构建筑体系的源头之一，我国东北大小兴安岭林区、吉林长白山云南北部与西部、新疆阿尔泰山等地都有为数不少的这类民居。青海东部、四川西部多有遗存一种伸臂木桥，构造原理也是井干结构。云南滇西北地区至今散落着一些彝族、纳西族的井干式木屋。这些分散于东北、西北、西南边陲森林的木屋，外貌大

①.怒族木屋

②.甘孜自治州色达县翁达村附近的伸臂桥

③.图瓦村落木屋

④.亮子河林场抗联密营

体相似,但细节上又有许多差异,如云南的木屋用料较为精细,黑龙江林区则较为粗大;怒族木屋在坡地打桩,似为井干式式与干阑式的结合;阿尔泰山图瓦人的木瓦则保留了其先民使用毡包的痕迹。

也正是因为具有"就地取材,加工简单、快捷"的优点,在抗日战争时期的东北林区,东北抗联建造了多处被称之为"木㯤楞子"的井干木屋式森林密营,至今在黑龙江省亮子河林场等地留有多处遗址。

（五）蒙古族毡包等移居类民居

一般来说，建筑是不可移动的，故在文物部门将具有"历史、科技、艺术"三大价值的建筑划分在"不可移动文物"之列。但大千世界总有例外——世间确实存在着相当数量的可以移动的住房，即那些因从事游牧、狩猎和渔业的组群所建造的住所。

在我国，这类适应随时迁移的建筑有蒙古族、哈萨克族、柯尔克孜族、藏族牧民的毡包、帐房，鄂温克族、鄂伦春族和赫哲族猎人的撮罗子，以及东南沿海疍民的水棚与舟居。其中以蒙古族毡包最为著名。

蒙古毡包

又称蒙古包，用一种称为"哈那"的木骨架圈围出一个圆形平面的空间，并构为围栏支撑，再以两至三层羊毛毡围裹而成一个圆环外壁上覆羊毛毡穹顶的住房。其圆形尖顶上开有称为"陶脑"的天窗，可通风、采光。这种住房便于搭建，也便于拆卸移动，适于轮牧走场居住。

匈奴人、乌桓人及西域诸多游牧部落都曾以此为主要居住方式，而考古学家的研究工作，也证实二千多年的匈奴毡包与至今仍在使用的蒙古毡包在外形和内部使用空间处理上，几乎没有任何差异。

蒙古毡包的包门一般开向东南，既可避开西北强冷空气，也沿袭了游牧部落敬仰日出的古老习俗。帐内的中央部位一般安放火炉，火炉东侧放置炊具，西边铺着地毯，西侧摆放木柜，上置佛龛。按各住户的人口、财力，一般毡包直径4米左右，高4.5米左右，而历史上的部族贵族、首领、僧侣等可建造规

蒙古毡包

模巨大的豪华毡包，有须用22头牛才能搬运迁居者，即赫赫有名的可汗金帐。

新疆哈萨克族、柯尔克孜族牧民使用的毡包与蒙古族毡包大致相同，但室内装饰有异——因其信仰伊斯兰教。

帐房的建造原理与毡包相近，但平面为矩形，使用者主要是川藏青甘等地的藏羌牧民，分黑褐色牦牛毡制的黑帐房和白羊毛毡制的夏日帐房二种，后者原系部族贵族夏季游乐时的专用行宫。

撮罗子

又称"斜仁柱"或"撮罗昂库"，其使用者为大兴安岭林区的鄂温克族、鄂伦春族和赫哲族猎人。撮罗子外形近似过去关内农村常见的窝棚，一般选址在地势较高、阳光能照射到而且水和柴草就近可取之处。其盖造方法，是用若

① . 黑帐房
② . 夏日帐房
③ . 已完成的撮罗子
④ . 正在搭建的撮罗子

干有枝杈的木杆相互交合搭成上聚下开的骨架，然后再用若干木杆搭在骨架之间捆绑固定，在南面（或东面）预留出口，按照季节的不同，分别用桦树皮、草帘子和犴、狍等兽皮，做成自上而下一层压一层的围子，绑在木杆上，门帘则夏用草或树条编，冬用狍皮做成。

撮罗子体量不等，大的内部空间高约一丈，地面直径一丈五尺左右。室内中央为做饭、取暖之地，北、东、西三面搭设供人起居坐卧的铺位。按民族习俗，北面是安放神位之处，男主人和男性贵客在北铺坐卧，妇女分娩时须移附近另搭的专用撮罗子中去。

疍民水棚及舟居

疍民即水上居民，因长年累月浮于海上，像浮于饱和盐溶液之上的鸡蛋，故得名为疍民。疍民是对我国沿海地区水上居民的一个统称，属于汉族，现在主要分布在广东的阳江、番禺、顺德、南海，广西的北海、防城港，以及海南三亚等沿海地区。

疍民的居住形式为水棚和舟居。水棚是在水面上搭建栈桥，再在栈桥上建房屋，仍可视为一种干阑式民居，而疍民舟居则完全是以舟代屋，可列入移居类民居行列。

①. 疍民舟居
②. 疍民舟居历史照片

十

特立独行

边陲地带的干阑式民居以及吊脚楼、彝族木屋等

　　干阑式建筑，即在木（竹）柱底架上建造高出地面的房屋。主要分布于中国的长江流域以南、内蒙古、黑龙江北部，以及东南亚，其影响远达而东南亚诸国和日本。干阑式建筑具有通风、防潮、防兽等优点，对于气候炎热、潮湿多雨的中国西南部亚热带地区非常适用。

　　干阑式建筑与吊脚楼式（又称"半干阑式"）建筑能适应多种自然环境，尤其是热带或靠近热带的地区。因此，生活在这一带的傣族、壮族、侗族、苗族等都应用这种建筑形式，建造了大量的民居建筑佳作，其影响甚至远及泰国、缅甸等友邦。

　　与干阑式民居分布广泛相反，四川凉山之彝族木屋仅见于此山地一隅。但其起源也同样久远，甚至与中原官式建筑有着渊源关系。

山西悬空寺——北方佛寺中的干阑式建筑

　　干阑式民居民规模不大，一般三至五间，无院落，日常生活及生产活动皆在一幢房子内解决，对于地形复杂的地区，尤能凸显出其优越性。直至清末民初，我国选择干阑式或半干阑式民居为居所的人数虽没北方四合院式、南方天井式或黄土高原窑洞式民居的人数多，但也相当可观，而且涉及二十多个少数民族，云南、广西、海南、贵州、四川、重庆、湖南、湖北、台湾、吉林等地都有其踪迹。

　　史前时期有穴居、橧居之分。之后的中国木构建筑，无论其构架为抬梁式或穿斗式，大致由穴居地面部分的棚架演变而成，而干阑式、半干阑式（或称吊脚楼式）民居，则大致起源于橧居。河姆渡史前建筑遗迹就较清晰地向后人展示了树上橧居向地面干阑式建筑过渡的衍变过程。干阑式、半干阑式民居，在建筑格局上属独幢类民居。干阑式民居的构造原理也是中国建筑史上最常见的,虽以南方少数民族地区使用最广泛,但汉族集居区在历史上也并不鲜见,如重庆吊脚楼等,而在我国北方,佛寺建筑中著名的山西浑源县悬空寺,其结构原理也可归入干阑式建筑范畴。

（一）云南、贵州等地的干阑式民居

云南为我国民族分布最多的省份（共计26个民族），也是采用干阑式民居最多的地方。云南境内的各民族有各自不同的宗教信仰、风俗习惯,表现在建筑形式方面,也是如此。即使同属干阑式建筑,也在建筑外观形式、使用功能等方面存在着种种差异。

傣家竹楼

作为典型的干阑式建筑,其与其他地方同类型建筑的区别,也正在于竹楼的"竹"字——因为这里盛产竹材,故其住宅多以竹子为主要建筑材料,从承重结构的屋架,到地板、墙体、门窗等都以竹材为主。其下部架空,竹席铺地,席地而坐,有宽大的前廊和露天的晒台,外观上以低垂的檐部及陡峭的歇山屋顶为特色。

一般的竹楼为上下两层的高脚楼房,高脚底层高约七八尺,四面无遮栏,主要起防潮作用,一般不住人,是饲养家禽的地方,牛马拴于柱上。上层为人们居住的地方,室内的布局很简单,一般分为堂屋和卧室两部分。堂屋设在木梯进门的地方,比较开阔,在正中央铺着大的竹席,是招待来客、商谈事宜的地方。在堂屋的外部设有阳台和走廊。走廊上放着傣家人最喜爱的打水工具竹

①. 傣家竹楼示意图
②. 普通的傣家竹楼
③. 大型傣家竹楼之底层

筒、水罐等，这里也是傣家妇女做针线活的地方。堂屋内一般设有火塘，日夜燃烧不熄。火塘上架一个三角支架，用来放置锅、壶等炊具，是烧饭做菜的地方。从堂屋向里走便是用竹围子或木板隔出来的卧室，卧室地上也铺着竹席，这就是一家大小休息的地方了，一般人不得入内。

较为考究的官家竹楼宽敞高大，平面呈正方形，屋顶呈三角锥状，用木片复顶。整个竹楼用 20~24 根粗大的木柱支撑。木柱建在石墩上，有的横梁上雕刻佛教题材的花饰。屋内横梁穿柱，结构简单。上木梯后即为"掌房"，正屋为客室，中置火塘，侧旁分隔二三间，是主人和孩子的卧室。官家竹楼客室约有

①. 布朗族竹楼
②. 基诺族村寨
③④. 佤族民居
⑤. 傈僳族千脚落地式民居

30平方米大小，能容纳一二十人就座。掌房用篾席铺地，是乘凉和妇女纺织的地方。这种上等竹楼虽部分采用了木材，但竹子的使用还是无处不见的。

傣族人是一个嗜竹如命的族群。他们不仅建造竹楼，生活器皿也多为竹制品，如餐具、酒具等，而这个能歌善舞民族的最重要的乐器也是竹制的——芦笙。以竹林、竹楼为背景，傣家村寨男女老少在芦笙伴奏下的歌舞、泼水节等，是让人难忘的画卷。

傣族曾以"哀牢夷""掸人""乌蛮""白蛮""白人""僰人""白夷""僰夷""百夷""摆夷"等名称出现在中国史书中。这个古老的民族发源于我国澜沧江、怒江中上游地区，曾多次在云南高原建立政权，后因中国内地王朝及其他民族的挤压，逐步向中南半岛及南亚次大陆迁徙。目前中国境内傣族约有123万，境外缅甸、泰国、老挝、越南、柬埔寨等国与傣族同源的人口达6000万人以上。因此，这些国家也常见与我国西双版纳等地竹楼同一形制的民居建筑。

分布在保山、临沧、普洱、西双版纳等地的布朗族，生活的西双版纳州景洪市基诺山区的基诺族、西双版纳州勐海山区的哈尼族等建造的民居也基本采取傣族竹楼的形式，但一般规模较小，少见大型竹楼。

生活在云南芒市、盈江高山地带的景颇族历史上以狩猎为生，其民居建筑受傣族影响，以原木或竹竿建构干阑式住宅，但极少装饰，有一种简朴粗犷的原始风情。同一地区的德昂族、佤族、拉祜族等也是如此，其中尤其以佤族民居最具原始粗犷之美。

傈僳族是青藏高原氐羌人和西南土著民族融合形成的民族，主要分布怒江、恩梅开江（伊洛瓦底江支流）流域，其住房主要为竹篾房，俗称"千脚落地房"，一般建于能躲避山洪和泥石流的山凹台地的向阳面偏坡上。建造时在斜坡下和左右两边，竖几十根坚硬耐腐的粗长木柱。傈僳族民居中还有一种为井干式与干阑式结合的木屋，也很有特色。

（二）广西、海南等地的干阑式民居

同属干阑式建筑而与傣家竹楼齐名者，还有壮族麻阑式民居与侗族村寨。

壮族麻阑式民居

壮族是我国人口最多的一个少数民族，古代曾先后称为俚僚、溪峒、乌浒等，主要分布在桂、粤、滇、黔、湘等地，而以广西壮族自治区为主要聚集地。壮族是岭南地区一个历史悠久的土著民族，与我国贵州的布依族，越南的岱依族、侬族、热依族的语言文化基本一致。

壮族人生活在气候湿润的山地，住宅分平地合院式与坡地干阑式楼居两种，楼居即壮族语言音译的麻阑（也作"麻栏"），是壮族主要的居住形式。

其楼房为全木结构，一般先起底层，上立屋架（壮族叫两节柱），两头搭以偏厦，顶上盖瓦或杉皮，有三间五间不等。楼上住人，底层关养牲畜、家禽，置农具，设舂碓、磨坊等。楼梯设于屋内一侧，楼上前边为走廊，较宽敞，围以栏杆或半节板壁，光线充足，户主人在这里会客、乘凉和纺织。进大门是堂屋，内设火塘，后屋和侧屋为卧室。粮仓多设于住房旁边，粮仓前竖立一排高约丈许的木架，名叫禾廊，作为秋收晾晒禾把的地方，待干后堆入粮仓。

独山、荔波一带的壮族房屋，楼房有三间五间至八九间不等，一般不搭偏厦，楼梯设于屋前正中，有砌石梯或木梯。楼上住人，分前中后三隔，后边为卧室，中间为过厅，正中设香火堂，前边为年青子女卧室、书房、客房和纺织间，一头设火塘、火灶，其地基填实土石。磨坊、舂碓、粮仓等，设于屋内或另立厢房安置。楼下关养牲畜和家禽。房前多搭竹、木晒台，晾晒衣物和粮食等。

龙胜县龙脊镇的金竹壮寨为现存壮族麻阑式古民居代表作。金竹壮寨历史

壮族麻栏式民居示意图

悠久，相传明朝万历年间，由定居龙脊的廖登仁之孙廖斋的后裔开发建成。依山就水，建造在龙脊梯田山麓的陡坡上，组成蔚为壮观的"梯屋"。

侗族村寨

侗族主要分布在桂黔湘交汇处及湖北恩施，人口近290万，最早见于宋代的史籍，明清以来，侗族被称为"僚人""侗僚""峒人""洞蛮"、"峒苗"或"夷人"。

侗族村寨也以干阑式民居为主，但首先引人注目的往往是村落中高耸入云的鼓楼与村头搭建屋顶的风雨桥。或者说，以体量差异较大的建筑组成整体风

广西三江的侗族林落风雨桥——程阳桥

格一致的建筑面貌,是侗族村寨最为独特之处。村寨中的普通民居与壮族麻栏类似,只是居室部分开敞外露较多,喜用挑廊及吊楼。

这种房屋,多为两层或三层,两间或三间。楼下一侧,隔成栏圈,关养牲畜,另一侧堆放柴草杂物,或安置米碓。由侧边偏厦架梯而上,楼前半部为廊,宽约丈许,敞明光亮,为一家休息或从事手工劳动之所,窗前檐下,悬一横竿,晾晒衣物。后半部为室,其中有一间作堂屋,正中壁前安置神龛。内侧小间为火房。其余房间,均作内室。楼上储藏粮食杂物。

今壮侗族村寨以广西三江侗族自治县为遗存古村落与古民居最为集中,以鼓楼、风雨桥、侗族民居等木制建筑艺术闻名世界。

与规模较大的侗族村落相比,世居海南岛五指山的黎族民居则以小巧适用见长。针对这里风大雨多、气候潮湿的气候条件。黎族民居为一种架空不高的

①.侗族有悬山屋顶的干阑式建筑示意图
②.黎族船型屋
③.朝鲜族干阑式民居

低干阑,上面覆盖着茅草的半圆形船篷顶,无墙无窗,前后有门,门外有船头,就像被架空起来的纵长形的船,故又称为"黎族船形屋"。

聚居于吉林延边州的朝鲜族民居中,也有一种底层悬空的住房,是目前已知纬度最高的干阑式民居。这种朝鲜族干阑式民居,平面为横长矩形,构架为抬梁式,屋顶或为两面坡草顶或为歇山瓦顶。这或许说明,历史上干阑式建筑在我国北方并不鲜见。

(三)贵州、湖南、湖北等地干阑式、半干阑式民居

贵州省境内镇宁、安顺、六盘水一带的布依族,由于建筑材料的限制,则完全改用石头做房子,但其原型仍是干阑式规式,而更为知名的叫法则是"苗族半边楼"。

①. 贵州苗族半边楼示意图
②③. 贵州苗寨
④. 重庆吊脚楼

半边楼

  苗族是我国最古老的民族之一，分布于中黔、湘、鄂、川、滇、桂、琼等省区，境外东南亚的老挝、越南、泰国等国家也有相当数量的族群，今人口近千万，在少数民族中居第四位。

  根据历史文献记载，苗族先民原居住于黄河中下游地区，其祖先是蚩尤，三苗时期又迁移至江汉平原，后又因战争等原因，不断向南、向西大迁徙，进入西南山区和云贵高原。明清以后，一部分苗族甚至移居东南亚各国。苗族有自己的语言，分湘西、黔东和川黔滇三大方言。由于苗族与汉族长期交往，有一部分苗族兼通汉语并用汉文。苗族的宗教信仰主要是自然崇拜和祖先崇拜。

①②. 湘西土家族吊脚楼

在建筑方面，聚集在黔东南一带山林的苗族因木材较多，习惯营建干阑式木房。这种苗家木屋建在斜坡上，把地基削成一个"厂"字形的土台，土台之下用长木柱支撑，按土台高度取其上段装穿枋和横梁，与土台取平，横梁上垫楼板，作为房屋的前厅，其下作猪牛圈，或存放杂物。长柱的前厅上面，又用穿枋与台上的主房相连，构成主房的一部分。台上主房又分两层：第一层住人，上层装杂物。屋顶盖瓦（或盖杉树皮），屋壁用木板或砖石装修。因这类房屋的底层并不完全悬空，故当地人称其为"半边楼"，与重庆、湘西一带的吊脚楼同属"半干阑式建筑"。

湘西川渝吊脚楼

与贵州苗寨半边楼相似者，为湘西川渝等地的吊脚楼建筑。《华阳国志》即有依山而建、凭水而居，"皆重屋累居"的记载。这种建筑适应于山水相间的地理环境，其源头可能是秦汉时期的栈道，今主要流行于西南山地。

重庆吊脚楼最早可追溯到东汉以前，目前重庆市内保留的吊脚楼集中于临江门、石板坡、化龙桥、厚慈街、川道拐一带，多为清代原有房屋而经民国时的修缮。由于重庆依山傍水，土地紧张，当地人利用木条、竹方悬虚构屋，取"天平地不平"之势，陡壁悬挑，"借天不借地"，增建梭屋，依山建造出一栋栋楼房。

这些吊脚楼多穿斗结构甚至捆绑结构，虽单体简陋，但组合为联排组群，则坚忍不拔，不惧水患。尤其在抗战时期，重庆本地人与下江人寄寓吊脚楼中，每日与日军空袭周旋，体现出了一种顽强不屈的民族精神。

土家族吊脚楼

土家族也是一个历史悠久的民族，世居湘、鄂、渝、黔交界的武陵山地区，土家族人口数量约为 800 万，在少数民族中排名第七位。土家吊脚楼大致可分为挑廊式吊脚楼与干栏式吊脚楼，后者与侗族民居相似，而前者属半干阑式，以造型舒展、装饰华美著称。

挑廊式吊脚楼因在二层向外挑出一廊而得名，一般楼设二三层，分别在一、二、三面设廊出挑，廊步宽在 2.8 尺左右。这类吊脚楼构造空透轻泠，颇具《诗经》"作庙翼翼""如翚斯飞"的韵味。此外，还有一种不做挑廊的吊脚楼，其正屋主体部分与厢房吊脚楼直角相连，同样以通透的支柱、轻灵的翘角成就民居建筑的佳作。今湘西永顺老司城等地多有这类遗存。

（四）四川凉山彝族木屋

凉山彝族木屋，既不是干阑式，也不是抬梁、穿斗等常见的结构，但其历史渊源却同样久远。

这种木屋直到 1963 年，建筑史家陈明达先生才从原西南工业建筑设计院的一份报告中得知，四川凉山彝族自治州除已知的井干式、干阑式建筑外，还

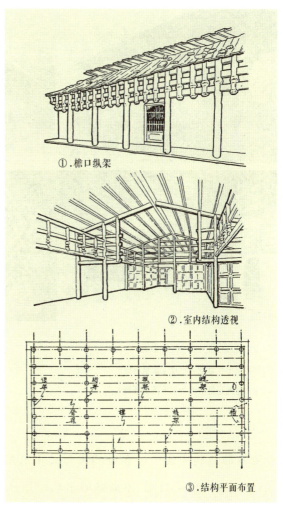

凉山彝族木屋示意图（陈明达绘制）

①.檐口纵架

②.室内结构透视

③.结构平面布置

存在着一种杂用各种结构手法，而所用各种手法又颇为原始的建筑——彝族木屋。陈明达在其1990年出版的《中国木结构建筑技术（战国—北宋）》一书中写道："**彝族建筑的木构架已经应用了人字斜梁、挑梁、穿斗、抬梁等几**

①.凉山彝族建筑外观（茨威格摄）
②.新建凉山彝族建筑外观（茨威格摄）
③.凉山彝族建筑工艺传承（茨威格摄）

种基本的结构方法……各种构架形式中虽然有接近汉族穿斗、抬梁的形式，却究竟还是不稳定、不成熟的形式。另一方面它所有的各种结构原则，如挑梁、穿斗等又都是封建社会中所普遍应用的结构原则。"陈明达先生的这一述论，意在揭示中国木结构建筑技术的发展过程，点明了这种尚不被广泛认知的原始木屋，很可能是历史最为悠久的建筑技术孑遗。

陈先生对于彝族木屋的论述，在当时的国内学术界并未引起更多的反响，但却引起了一位欧洲同行的关注。这位欧洲建筑史家叫作茨威格·克劳斯（Klaus Zwerger），系奥地利维也纳大学教授。为一探究竟，他自2014年起，几乎每年都去凉山踏访遗构并对健在的老彝族建筑匠师做口述记录。经几年的考察研

①. 凉山彝族建筑工艺传承（茨威格摄）
②. 茨威格教授与美姑名木匠阿西拉颇

究，茨威格教授不仅仅在凉山州美姑县古拖、洛觉、四季吉等处寻访到了幸存孑遗，并欣喜地看到等地工匠依然能够应用这种古老的建筑技艺建造出外观古朴大方，室内空间宽敞、华美的古法新作。

茨威格在其近作《凉山彝族民居》中写道："当所有土生土长的传统建筑技术都在以20年前无法预料的速度消失时，我们仍然要为还有能够用传统方式使用传统工具的工匠而高兴。"

这位欧洲学者不远万里的参与，侧面说明我国传统民居建筑作为珍贵的文化遗产，已然引起了国内外有识之士的关注。

除此之外，我国还有一些形式特殊的民居，如广东侨乡庐居、竹筒屋、红河州土掌房、山东海草房等，限于篇幅，从略。

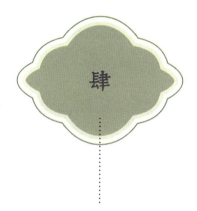

漫谈建筑与人的关系

　　传统民居既是建筑艺术作品,更是各地各族芸芸众生的生活场所,见证着中国数千年的历史变迁。说到传统民居,在描述各种传统民居的建筑构成及附属装饰艺术的,更应兼顾居住于民居之内的人物活动。为此,本书选择三个历史人物的故居及人物故事,以阐释人与建筑的关系以及中国传统民居的演变趋向。

　　这三位历史人物的故居分别是:蒋廷锡故居、陈大受故居和刘冠雄故居,前二者系清代典型的传统士大夫,后者为清末民初社会转型期的风云人物。

一
民居中的建筑等级与户主之等级应对

居住建筑首先要满足人在社会生活中的种种基本需求，进而又往往被视为社会地位的标志。因而，在一般人心目中，自家的住宅总是越大越奢华为好。但对奢华建筑物的过度追求，一则是对社会物质资源的无端浪费，二则易授人以"穷奢极欲"之把柄，往往反为户主招灾引祸。

《红楼梦》中荣国府营造大观园，其过度奢华令贵为皇妃的贾元春都叹为过分，已然预留下了贾府日后被抄家的隐患。此小说中的场景也确有对应史实：作者曹雪芹的祖上确实曾以江宁织造这区区五品官的官阶营建了让两江总督、江苏巡抚等也为之咂舌的江南织造府第，故其被查抄之际，着实令官场同侪暗自称快。建筑等级制度在中国古代延续二千多年，而对应建筑等级种种限制的不同策略、心态，也表现出了不同户主的不同处世哲学：有因僭越制度而遭横祸的贪官酷吏、土豪劣绅，有应对自如的智者，有勘破浮华而归隐渔樵的隐者，更有身居陋巷而孜孜求道的仁人志士。

（一）大隐隐于朝

在清代中前期，朝廷不断声称"满汉一家"，但实际上对汉族官员仍心存芥蒂，处处防范。以北京城为例，内城范围内除少数配套服务性质的商铺和仆役之外，基本上只允许满族人居住，而汉族官员即使贵为当朝一品，其府邸也只能建在外城（集中在北京宣武门外虎坊桥一带），如遗构至今犹存的纪晓岚故居、近年刚被拆除的陈大受故居林则徐故居等。

清雍正、乾隆年间有蒋廷锡、蒋溥父子相继出任大学士，是史上著名的"父子宰相"，也是在清嘉庆之前少数恩准在北京内城建宅第的汉族官员。今北京西城区什刹海南岸的西煤厂胡同 11 号和大翔凤胡同 22 号相传为蒋氏父子故居。据记载，清廷对蒋氏父子于"雍正七年赐第李公桥"。

所谓李公桥，又称"李广桥"，位于今柳荫街北部羊房胡同东口到后海南沿之间，基本与相传为蒋廷锡故居的地点相吻合。此地为内城的中心地段，清代亲贵多在此建宅第，不远处即有著名豪宅恭亲王府，是乾隆时期著名满族巨贪佞臣和珅的旧宅。相比穷奢极欲的和珅府邸，贵为文华殿大学士（位列大学士之首）的蒋廷锡及其子东阁大学士蒋溥的这两处官邸实在是简朴之极。

蒋廷锡（1669-1732 年），江苏常熟人。清康熙四十二年（1703 年）进士，历任礼部侍郎、户部尚书，雍正六年（1728 年）拜文华殿大学士加太子太傅，雍正十年（1732 年）卒于任内，谥文肃，并敕三代封荫（即《水浒传》里常说的"封妻荫子"）。《清史稿》称其"卓然有绩效"，任内曾建议疏浚山东漕运，"漕运全资水利，宜通源节流，以济运道"，得到朝廷重视、首肯，又值朝廷主持编辑《古今图书集成》《佩文韵府》《康熙字典》等文献汇编及工具书，蒋廷锡充任编辑顾问，后又兼任《实录》馆总裁、《明史》总裁。

蒋廷锡之父蒋伊，康熙十二年（1673 年）进士，官至河南提学道副使；其兄蒋陈锡亦为康熙二十四年（1685年）进士，曾官至云贵总督，死后被参政绩不佳和贪腐，名誉受损；其子蒋溥（字质甫，号恒轩。1708-1761年），雍正八年（1730年）进士，性情宽厚而警敏，勤于政事，是乾隆时期的重臣，曾任湖南巡抚，后官至东阁大学士兼户部尚书，乾隆二十六年（1761年）四月病逝于任上，乾隆帝亲临祭奠，加赠太子太保，谥曰"文恪"，入祀贤良祠；蒋溥之子蒋楒，自编修累迁兵部侍郎，两度被罢官，最后以世职从宽发落去守护裕陵。

从蒋氏家族概况看，可知其在康乾盛世是少数高官厚禄沿袭四代的汉族显赫门庭，但也难免被猜忌、排挤，故《清史稿》又说蒋廷锡"秉公执正，胥吏嫉妒怀怨"。也正因如此，身为朝廷重臣的蒋氏父子虽有相当大的政绩，但在官场上并不过分张扬，而是以吟诗作画驰名文坛艺苑。蒋廷锡早年曾师从名画师马元驭学习花鸟画，这本为传统文人士大夫的自身修养，但身居高位之后，他表现得痴迷诗画胜于宦海沉浮，甚至在花鸟画方面能自成一格，世称"蒋派花鸟"，怡情悦性之余，也着实令朝廷放心。蒋溥初年勤于政事，亦是乾隆时期的重臣，也在官场得意之际，及时转攻画艺，似乎传承乃父绘画衣钵之心，也远胜于建功立业。

在营建在京官邸方面，蒋氏父子恰恰因朝廷特许其在内城建宅，在建筑规制上愈加小心谨慎，尽力不落任何把柄给满族亲贵。今观西煤厂胡同与大翔凤胡同这两处蒋宅，宅门均为北京四合院门楼中等级较低的如意门，此虽有可能为其后人刻意改建，但从现存门楼的尺度看，营建之初，似乎也是二等金柱大门而非二品以上大员所对应的广亮大门。从两宅的现存占地总面积看，也仅勉强称为中等宅院。

大翔凤胡同22号（可能是蒋廷锡之子蒋溥住宅）的宅院门楼坐南向北，更像是当年买下某宅的北院加以权宜改建而成，其规模仅为大门北开的二进院落。从西煤厂胡同11号蒋宅现存格局看，其昔日的适度规模犹在，似当年为正门南向的四进院落。院内二门（垂花门）虽现状残破，却不掩其图案典雅、

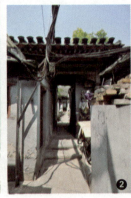

①.蒋廷锡故居（西煤场胡同11号）
②.蒋廷锡故居之垂花门细部
③.蒋廷锡故居之垂花门现状

雕刻精良，给人以华贵不足而风雅有余的整体印象，大可在周边满族亲贵奢华府邸的重围中保持不卑不亢的相门风采。

值得一提的是，旧时官宦素有叶落归根之传统，蒋氏父子也不例外，在其江苏常熟故乡留有一座宅院。此宅院位于今张家港市凤凰镇恬庄古街区的奚蒲河东岸。

这座距今超过340年的老宅院由坐北朝南的居中主院落和东西两个跨院组成，今东跨院已无存，原主院落与西跨院均为江南习见的农家宅院。所不同者，一是住宅区北端有一个面积较大的后庭院，其间有古树、古井、憩亭等遗存，但并没有江南私家园林常见的理水处理（让水在园中常保持流动，随四季不同有不同的景观），也不见太湖石等叠山点缀，似乎只是稍微讲究一点的农家菜园；二是一些房间中犹存一些早年的槅扇门窗等，做工精细但不是惯常的民间吉祥图案，而以淡雅见长，展现了户主人极高的审美趣味——更富于"采菊东篱下"式的陶令诗意。

与之相比，同在恬庄古街区，官阶远逊于蒋氏父子的一位清翰林院编修的

①. 蒋廷锡画作
②. 蒋溥画作

杨榜眼府,则室内陈设名贵家具,室外理水叠石、曲径通幽,甚至有藉此地远离京师而在建筑规制上有所僭越——其门楼三间,居中启门,在京师这是王公府邸的特权。

蒋氏父子在京师与满族亲贵相邻,以花鸟画自娱而不显其寒酸;一旦落叶归根,其于寻常巷陌中作山水画卷,而不炫耀往昔权势。或可想见,无论在进士或乡野,无论身居京师一品相府或栖身农家瓦舍草庐,蒋氏父子均能泰然处之,怡然自得。

"大隐隐于朝,中隐隐于市,小隐隐于野",蒋氏父子在住宅规模选用方面,可谓"大隐"。

（二）兼济天下与独善其身

与蒋氏一族境遇相近的还有清乾隆时期军机大臣陈大受肇始的湖南祁阳陈氏一族二百余年之兴衰沉浮。就住宅而言，祁阳陈氏与常熟蒋氏一样，也在京城和故乡均留有值得品味的宅第，但彼此间又有些颇为微妙的差异。

陈大受（字占咸，号可斋，1702-1751年），湖南祁阳人，清代名臣，因于乾隆早期曾短期执掌相当于宰相的军机处，故而祁阳民间也称其为"大清宰相陈大受"。陈大受是雍正十一年（1733年）进士，选庶吉士，乾隆元年（1736年）以御试第一擢侍读，后历任内阁学士、吏部右侍郎、江苏巡抚、福建巡抚加兵部尚书衔、吏部尚书兼理户部、协办大学士、军机大臣加太子太保、直隶总督、两广总督加太子太傅等要职，卒于两广总督任上。逝世后被追授谥号曰"文肃"（恰与蒋廷锡的谥号相同）、入祀贤良祠，并敕三代封荫。陈大受任内以忠正廉洁、治事干练知名，除治军治民之政绩卓著外，极为重视教育事业，并视野开阔，是少数着力于台湾事务和东西方文化交流的有识之士。他在福建巡抚任上，指出台湾事务的重要性在于"抚绥民番，辑宁海疆"。今清乾隆年间内府抄本《华夷译语》（收英、法、拉丁、意、葡、德及我国少数民族语多种），系由傅恒、陈大受等奉敕编纂，至今仍为研究三百年前中外文化交流、我国西南地区民族语言文字和翻译学史的珍稀资料。《清史稿》也评价其"清节推海内""大受刚正，属吏惮之若神明，然论证重大体，非苟为苛察者比"。

虽清誉如此，但陈大受生前也难免满族权贵对汉族官员的猜忌、排挤。身后二百多年间，其后裔屡遭坎坷而能自强不息，相继涌现出爱国诗人陈文骕、辛亥志士陈冰叔、抗战将领陈平阶和建筑史学大家陈明达等在各自业内颇有建树的一方俊才。究其缘由，他们并不依赖清廷"敕三代封荫"之恩赐，而是恪守祖训，保持宠辱不惊，"**穷则独善其身，达则兼济天下**"的中国知识分子本色。

①.清代汉族高官云集的外城贾家胡同拆迁之前
②.拆迁中的贾家胡同陈大受故居——倒座之槅扇
③.贾家胡同陈大受故居（民国初年陈氏后人留影）

　　陈大受曾于吏部尚书任上按汉族一品大员的惯例，在北京外城虎坊桥一带的贾家胡同置办过一所与官阶相符的宅院（此宅于2014年被拆除）。因贾家胡同为南北向街道，陈大受故居坐西向东，门楼为广亮大门，院内有主院落及西跨院，大致相当于内城带小型私家花园的四进院落的四合院民居，其回廊、木槅扇门窗等做工精良且图案简洁大方。相比内城的蒋氏旧居,并不刻意自降等级,但也不过与同一街道的曾国藩故居、林则徐故居等汉族官员规制相近。陈大受死后,此宅即移用为同乡联谊性质的永州会馆,陈氏户主只留用西跨院为自家人来京住所,并长年供奉先人牌位。

陈大受虽与蒋廷锡同称"文肃公",但并不以文坛名士自命,更无暇书画自娱,偶尔赋诗撰文,也大体为忧国忧民。其当年仕途得意,由巡抚、尚书进而执掌军机处之际,也曾预作落叶归根乃至归隐渔樵的"功成身退"计划,故在江苏巡抚任上曾以二百两银修缮故乡祁阳县藕塘冲陈家老宅。

陈家老宅位于祁阳旧城外东北约4公里的下马渡镇藕塘村。老宅北依丘陵坡地,此丘陵东西延绵数里,面南遥对另一处山地,之间为地势平缓的谷地,土质为较肥沃的红壤,两侧山坡又多山泉,四季水量充足而绝少积水成泽之患,是为优质水田。老宅现存规模约1.5亩,估计原占地约4.5亩。因其依山面谷的地形限制,南北中轴线仅一进院落,分布正门、正堂和正堂背后的杂屋什房;东西各平行布置三排东西朝向的屋舍,合院为两个跨院,每排屋舍均为三间二进。

此宅院原本可建造为清代高官的巨厦别业,但实际规制要低于应有的等级。《大清会典》(光绪朝)卷五十八"工部"记载:"……贝勒府制,正门一重、启门一……公侯以下至三品官,房屋基高一尺,堂屋四重,门柱饰黝垩,中梁饰金,旁绘五彩杂花……唯二品以上房屋脊得立望兽……"

参照这类文献可知,现存陈宅除门楼三间居中启门(如三间皆启门,则为僭越)可勉强知其曾为达官显贵外,其余皆与普通农户相近;而即使门楼,也无屋脊望兽等相应的装饰物(有可能后世修缮中拆除)。对照我国目前所遗存同等官爵人家的宅院,此宅与恬庄蒋宅同为最简朴的"宰相之家""京师甲族"。相比于北京、扬州、苏州等地明清时期的那些高官巨贾们的奢华豪宅,祁阳藕塘冲陈大受旧居之清寒,一如常熟恬庄蒋廷锡故居之简洁,正是其令人敬仰之

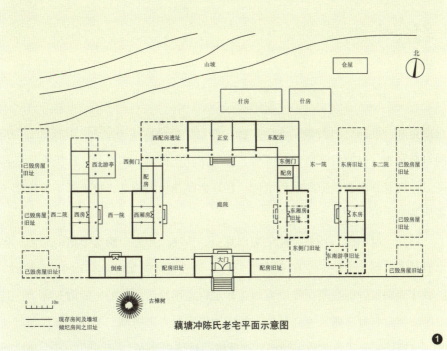

①.藕塘冲陈氏老宅平面示意图（殷力欣绘制）
②.陈氏老宅院落俯视（刘海波摄）
③.陈氏老宅正堂正面全景

所在，也正是陈家老宅作为有 300 年历史的民居建筑的文化价值之所在。

建筑作为实用艺术，一般说来须巨额投入以求得华丽壮观的艺术效果，但量力而行、力求节俭，也未尝不能达到淡雅质朴的别样建筑之美。此宅即是这样的一例：虽造价不高，但其借山势而成的院落格局中，有法度严谨的对称，而在大体对称中又暗含着因地制宜自由调度。如东西院内各有一游亭，分置于东南角和西北角。虽打破了左右对称，但以中轴线庭院为基点，其西北-东南的对角布置，又取得了很好的照应。就实用功能而言，两个游亭作为全院的制高点，则兼具暑夏纳凉的生活情调、登高远眺的田园诗意，也未尝不有瞭望戒备的防患之需。

以建筑材料的选用看，此宅混用青石、青砖、土坯，确有节俭的考虑，但也充分考虑到了土坯（专有名词为"墼"，经过特殊的配料夯实）的自身优点：虽较青砖廉价，但在耐压强度方面，却足以适用民居结构的坚固耐久要求，且土坯墙屋舍具有冬暖夏凉之妙处。故墙体以下层青砖防潮、上层土坯保证舒适度，这应该是营建者为适应当地气候环境的最佳选择。

此宅院整体以朴素大方见长，但在细节处理上，却也时有妙笔——其建筑构件（梁架、柱础、门窗）的雕饰，"做工精细而简繁适度"，充分体现了主人不落俗套的审美情趣。

在现存文物中，三件形制相同而细节有别的木窗堪称精品：大局上天圆地方之象征，云龙、柿蒂等高等级纹饰之选取，似乎寓意着宅院主人志向之高远；而雕工多用浅刻、浅弧度抛光，其技巧上的难度虽不及镂空雕复杂，却要求工匠有相当大的平和心态和质控能力，正所谓"大巧若拙"。这三件看似简单的木雕作品，诠释的是中国古典美学以中正平和为指归的脱俗境界。

陈氏老宅以极普通的建材（最好的材料不过是几扇楠木质木窗）、极简单的工艺做尽量低廉的资金投入，但能使深厚的文化意味蕴涵其中，这或许可称为中国民居建筑不同于官式建筑的文化追求。

也就是在陈大受尽力节俭自家宅院费用的同时，他却在安徽巡抚任上，以薪俸1500两银资助祁阳县重修文昌塔，为的是昌盛故乡文运。陈大受在《重建祁阳文昌塔记》记载：明天启时期有人因故拆毁了祁阳县文昌宫及文昌塔，致使祁阳县六十余年没有科举中第的人。于是，他在个人仕途有成之际，倡议捐资重修文昌塔，祈望"自今以往，邑中文风日盛，科甲蝉联，必有名卿

陈大受捐资重建的祁阳文昌塔（殷力欣摄）

显宦，应运接踵而兴者，柄然与古昔比隆，皆与文昌塔卜之矣。"

陈大受重建文昌塔之议，在今天看来可能没有什么科学根据，而在古代，却与修桥补路、赈济灾民、捐助义学等相似，是重要的社会公益。

受此影响，祁阳陈氏后人屡有急公好义之举。抗战期间，日本侵略军于1944年9月4日攻陷祁阳城，后因陈氏族长不肯出任伪维持会长，日军报复性地洗劫、焚毁了有二百余年历史的陈氏宗祠。抗战胜利后，身为陈大受后裔的建筑学家陈明达、抗战将领陈平阶等于1946年回乡省亲，商议重修祠堂事宜。然而，面对满目疮痍、百废待兴的劫后祁阳，陈氏族人一致决议：暂缓修复自家宗祠，当务之急是为祁阳捐资兴修一所学校——以发展教育作本县重建家园之根本。他们将这所全族人捐资的长远规划为包括中学部与大学部的学堂命名为"重华学堂"。

鉴于原陈氏宗祠虽损毁严重，但梁、柱、砖、瓦及各类石材等尚可利用，

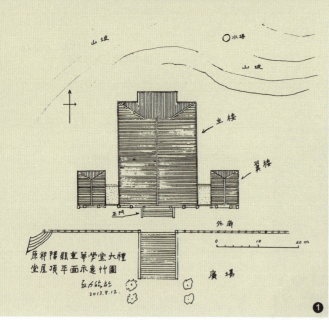

①. 重华学堂大礼堂屋顶平面示意草图（殷力欣绘）
②. 重华学堂大礼堂立面侧影（殷力欣摄）
③. 重华学堂大礼堂首层内景（殷力欣摄）
④. 今祁阳二中校园内散落的原陈家祠堂柱础（殷力欣绘）

陈家人决定就在原址上将其改建为重华学堂大礼堂——今祁阳第二中学大礼堂。1948年初，重华学堂筹委会采纳陈明达的设计方案，至1949年初，学堂大礼堂、图书馆、教学楼和宿舍等五六处单体建筑基本竣工并投入使用。其中改建陈氏宗祠而成的重华学堂大礼堂，在20世纪之前一直是该县的标志性建筑。

现祁阳二中校园内的民国建筑仅存大礼堂（曾移作大食堂，今改为校图书馆），其余均在文革和近年的建设中被拆除。今校园中犹见散落各处的十四尊汉白玉质柱础，系原陈氏宗祠遗物，与大礼堂等共同记录着一处传统民居转为公共教育建筑的过程。

从节俭修葺自家老宅，到捐巨资重建文昌塔，再到后人将家族祠堂改建为公共教育建筑，祁阳陈氏一族对待私家宅第、个人荣辱所表现出的豁达，正与其"国家兴亡，匹夫有责"的济世情怀相当。

二
传统民居中的西化改良

《黄帝宅经》云"夫宅者：乃阴阳之枢纽，人伦之轨模……故宅者，人之本。"即云：日常生活中之住宅（苑墅、别墅、别业、精舍等）不仅仅是生活居所，还是调节人体阴阳平衡、关系日常生活伦理，更延及人生事业兴衰与子孙吉凶祸福、繁衍生息之根本。因此，我国古人对伴随终生、几乎天天不离的住宅建筑十分重视，时刻经营。

常熟蒋氏、祁阳陈氏对待物质性的宅第表现出了一种超然物外的达观，可见儒家"用行舍藏"根植人心达数千年之久；闽侯人刘冠雄对传统建筑形式的局部西化处理，说明传统的审美观念因时代变迁而受到西方文化艺术的冲击。

①. 天津马场道刘冠雄宅
②. 天津马场道刘冠雄宅生活场景

    相比常熟蒋廷锡、祁阳陈大受这二位清康乾人物，清末民初的改良派人士刘冠雄对于自家宅第却有另一种处理。

    刘冠雄（字敦诚，号资颖。1861-1927年），福建闽侯（今福州）人，幼时家境贫寒而勤奋好学，1875年考入福建船政学堂，后赴英国格林威治皇家海军学院留学，历任北洋水师靖远舰帮带、大副以及海天舰管带等职。1912年出任南京临时政府海军部顾问。北洋政府时期被授予海军上将军衔，历任海军总长、福建省都督、福建镇抚使、闽粤海疆防御使等要职。1923年11月辞去闽粤海疆防御使职务，定居天津，1927年病逝。

    刘冠雄的宅第有二处：于北洋政府退休后在天津马场道置办的一座小洋楼，在故乡福州的三坊七巷中所置办的一座三堂式带跨院的传统民居宅院。

    天津马场道刘冠雄宅是一座颇具规模的西式小楼，是有留学背景的改良派人士们所中意的栖身之所。而福州的宫巷11号刘宅，则在福州三坊七巷众多名人故居之中甚为独特。

    此宅位于宫巷东部，是一处三进带东跨院的福州厝，始建于清乾隆年间，至今宅院中的康乾旧迹仍随处可见：庭院以巨石铺地；梁柱选材硕大而质地上乘；门窗等小木作多用楠木，并有巧妙雕饰；花厅前的叠石亦选料精美，尽显瘦漏透皱之别趣……东跨院的花园东墙现存一株古樟树，树龄120年左右，虽非乾隆年间所植，也略早于刘氏购置之时。

主座（原中轴线）院落自北向南由门楼、正堂、二堂和后照房合围为三进院落。门楼为清水墙面，外观略带欧式城堡风格。在同一条街道，沈葆桢、林聪彝宅等均为福州传统建筑样式的正门，而此门楼布局则颇为新颖，不仅外观有西洋元素，功能布置也很独特：向外，大门居主座之东北一角；对内，大门则居院落正北。昔日清代北京城内民居因建筑等级制度约束，除王府外，门楼均不可设在正中，院内则以小院或游廊引导至正对厅堂的垂花门；而南方的宅第往往不受此类约束，居中启门者比比皆是。

刘冠雄虽为南方人但长期在北京为官，兼受南北方文化影响，则此门楼容北京四合院对外之广亮大门与对内之垂花门于一体，应是甚合心意的。或者，原门楼本与相邻的沈葆桢、林聪彝宅相似，而正是在刘冠雄于1913年购置后才由此改动，也未可知。

门楼内侧门相隔约10米为正堂。正堂主体三间五进，附加前后檐廊，基本为正方形平面。室内明间较宽大。左右次间以隔断墙、槅扇门分割出独立房间。正堂前檐廊在东侧开辟侧门通往东跨院；后檐廊相隔2米设粉墙形成狭长甬道，东侧设便门也通向侧座院落，墙体居中设石库门正对二堂，故此墙既是一进院落的后院墙，又是二进院落的前院墙。正堂为主座院落中最高大宽敞的建筑，主体大木构架为穿斗式，简洁大方，梁枋以上蜀柱、驼峰、脊槫等，又经极精细的雕刻，以透雕、圆雕、线刻等手法形成多种吉祥花卉造型，很好地营造出华美而不流俗的氛围。

二进院为一个矩形天井庭院。此庭院也以条石铺地，左右墙下也有高出地面条石阶基，但比一进回廊之阶基略矮。二堂主体三间四进，主体大木构架也

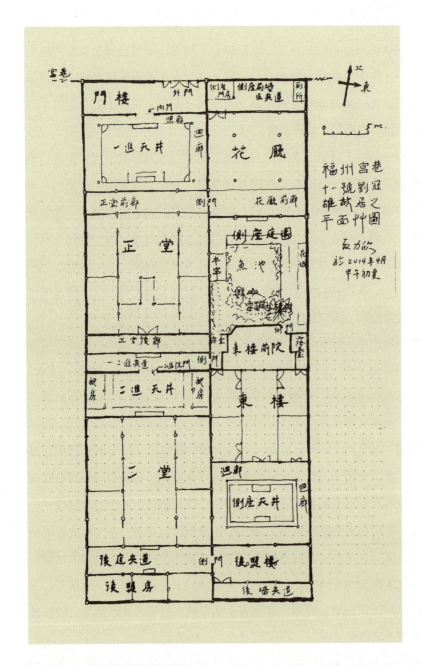

福州宫巷11号刘宅平面草图（殷力欣绘）

为穿斗式，梁柱较正堂略显纤细；柱高与通高也均较正堂略矮。室内布局虽大致与正堂相似，但明间似乎纯为交通后照房的通道。二堂的梁架雕饰也很简洁，其内柱枋有斗栱，形制较为古朴，为北方宅第罕见。前后窗、槅扇门等多以金丝楠木制作，均有精美的窗棂花饰。

侧座（东跨院）并列于主座东侧，自北向南由北院墙、花厅、庭园、东楼和东后照楼合围为二进院落。

花厅面阔三间，背面以槅扇门屏蔽，而正面向南面对鱼池假山，作敞开布置。正面外檐廊部分，在西墙辟门与主座一进院落相连。花厅之南有一进小院，布置为精致的庭园。其格局是：自花厅侧门设一小径，沿西院墙向南，建有依墙半亭，东有一鱼池。鱼池之北岸设条石矮栏，东岸、北岸以太湖石叠山环绕。东岸至东墙设卵石铺地之曲径，向南抵达二进院院墙。半亭为矩形平面的小平台，以假山山顶之贴墙小道连接东楼之二楼阳台。假山邻近二进院门处即百年古樟，旁设蹬道可达山顶平台以俯视院落，有道光己酉年雪茶刻石曰"萝径"。此庭园大不过百余平方米，以规整的理水、不规整的叠石和珍稀花木，形成造园手法上的虚与实、曲与直之照应，既追求恬静的自然情趣，也不掩人工之巧妙，是为福州私家花园中的佳作。

穿过庭园，有一道略呈"_⌒_"形的粉墙，其突起部分旁开一孔券门，门内是一座二层小楼——东楼。

此楼之造型甚为奇特：屋顶为传统的灰瓦，东侧外墙山面更为福州常见的马鞍墙，并延伸作飞起翘角，上施传统纹样的泥塑牌堵；而西侧山面则无翘角，使得屋顶造型不做严格对称分布。与灰瓦面、翘角马鞍墙等传统建筑元素对照更为鲜明的，是正立面为红砖墙面，门窗带有明显的西化痕迹。其室内布置，似乎又回归传统，上下层均作明间、次间分布，明间为走廊，左右次间各自纵向分割出两个房间。全楼共八个单间。其槅扇雕饰之精，更为全宅之首。

若从背面（自南向北）看，有西化痕迹的东楼又纯为有外檐廊的传统民居

①. 福州宫巷刘宅侧座庭
②. 福州宫巷刘宅侧座东楼正面近景
③. 福州宫巷刘宅侧座东楼
④. 福州宫巷刘宅正堂

样式，墙面均为木槅扇。东西院墙内侧设木质楼梯，在二层形成连接东楼后檐廊与东后照楼前檐廊的回形走廊，由此将东楼、后照楼与东西合围为后庭天井。其回廊构架之垂花木雕等，亦屡见佳作。院内有一方水井，相传是乾隆年间旧物。

　　此宅在刘冠雄购置之后，对宅院进行了一些改造，其中最大的变化有二，其一是房间的朝向：今除东花厅为坐北朝南的传统正方向外，其余正堂、二堂、东楼等主要建筑均作坐南朝北反方向使用。中国传统的大中型宅第，一般多讲究主要房间朝向为正方向——坐北朝南。以北京为例，无论宅第大门朝向因所处街巷位置而有不同朝向，但在院墙以内，总要以回廊、箭道等将人引导至主要房间之南，形成院内的正方向（坐北朝南）概念。这其中的原因，主要是自然采光的要求，故北方常有"有钱不住东南房"之说。整体上看，此宅院基本保持了原有传统文化氛围，但朝向的改变，多少妨碍了原有的使用功能，如原主座之正堂，正立面变为背立面使得此正堂更像过厅。

其二是院内东楼立面的西化改造，很有可能是刘冠雄入住后按天津租界小洋楼样式所做的改造，也是那个时代的风尚。以实际效果看，经西化改造之后的东楼，与侧座花园、花厅之间，在视觉效果上略显突兀。

宫巷刘宅主要房屋朝向的非常规做法，以及主座门楼、侧座东楼的西化改造，虽对整体氛围影响有限，但毕竟留下了一些突兀、矛盾的小缺憾。不过，这种处于过渡时期的文化更新，虽不完美，但为后人提供了值得思考的话题：再完美的建筑形式，终归要因时代的变迁而有所变化，有所发展。

祁阳陈氏后人将传统形式的宗祠改建为现代公共建筑，也存在着同样的问题：以往的宗祠往往兼做书塾场所，但进入现代文明阶段，传统宗祠显然不敷公共教育之使用空间了。

时至今日，距陈氏后人改祠堂为学堂之举，又过去半个世纪了，距刘冠雄局部西化传统民居则接近一个世纪。随着时代的日新月异，传统民居在国人心目中，早已不再是"落后"的代名词，而是中外游客趋之若鹜的文化瑰宝了。不过，无论被冷落抑或被猎奇追捧，我们都不应忘记：尽管中国传统民居以千变万化的建筑形式而给世人以绚丽多姿的印象，但其营造理念却是以节俭、适用、合度、养气的"厚生原则"为根本的。

图书在版编目（CIP）数据

中国传统民居 / 殷力欣著 . -- 北京：五洲传播出版社，2018.9
ISBN 978-7-5085-3705-4

Ⅰ．①中… Ⅱ．①殷… Ⅲ．①民居 – 介绍 – 中国 Ⅳ．① TU241.5

中国版本图书馆 CIP 数据核字 (2018) 第 142766 号

中国传统民居

作　者	殷力欣
封面图片	徐晓晨
出版人	荆孝敏
责任编辑	梁　媛
装帧设计	北京红方众文科技咨询有限公司
出版发行	五洲传播出版社
地　址	北京市海淀区北三环中路 31 号生产力大楼 B 座 6 层
邮　编	100088
发行电话	010-82005927，010-82007837
网　址	http://www.cicc.org.cn，http://www.thatsbooks.com
印　刷	北京市房山腾龙印刷厂
版　次	2020 年 12 月第 1 版第 1 次印刷
开　本	787mm×1092mm　1/16
印　张	16
字　数	240 千
定　价	58.00 元